普洱茶记

雷平阳 著

重庆大学出版社

自序

为了写这本书，2000年我曾到西双版纳作了长时间的采访调查，当时普洱茶没有今天这么红火。

世道变了，普洱茶火了，到处都是满嘴普洱茶的人。11月初，曾俊先生的普洱茶庄开业，邀我去小酌，偶遇云南《都市时报》记者张炜，她是昆明媒体人中为普洱茶吆喝嗓门最大的那位，听说《普洱茶记》将修订，她吐了下舌头，舞动着兰花指，告诉我："这是今年有关普洱茶的第六本书。"我跟许多认为普洱茶被炒得有一些过火了的人想法不同，广东的一颗老树荔枝都可以拍到5万元人民币，云南伟大的普洱茶一斤为什么不能卖16万？为什么就不能让四海之内妇孺皆知，每人都喝？普洱茶目前的这点"火"算什么呀？有清朝时候火吗？那时候满朝廷的人都喝普洱茶，都以拥有来自云南的普洱茶为荣，现在这么一点儿小打小闹，竟然就有人站出来说，普洱茶热该降温了，真让人匪夷所思。以普洱茶独步天下，敢于与时间对抗并消化了时间，把时间变成口味的不朽品质，你的这么一点点抬举它的小伎俩，就能将它捧杀了？笑话！真想回到清朝去。

说起来还真让人汗颜。普洱茶之热，并非由云南人自己掀起，可当别人捧着一颗心来（不管是喜欢茶，还是喜欢钱），为普洱茶不惜喊破嗓门的时候，我们却屡有不和谐之音。本书重新修订时，不止一人跟我讲，书中引用邓时海的文字最好删掉。我不知道他们是什么意思。普洱茶没风靡的时候，有几个人能像邓时海先生那样为普及普洱茶不辞千辛万苦？有人说，邓先生叫茶问茶，是为了卖茶。我认为，如果邓时海先生靠普洱茶挣了大钱，也是应该的；如果他的著作中有一些与事实不符之处，也是可以原谅的，可以更正的。普洱茶能有今日之气象，邓时海居功至伟，云南应该给他发勋章。

云南没有比普洱茶更伟大的品牌了，让我们一起宣传它、珍惜它，让它与时间一起永存吧！

雷平阳于昆明

目 录

岁月的茶香

序篇

一

　　清人阮福在《普洱茶记》中说："普洱古属银生府。西蕃之用普茶，已自唐时。"邓时海先生据此言说："普洱茶早在唐朝已经远销到西蕃，那时的西南丝绸之路，实际上应该改叫'丝茶之路'才正确。"

　　在邓时海先生的眼中，唐代茶圣陆羽在其《茶经》中，介绍了13个省42个州的名茶，却漏了云南银生城的普洱茶，这实在是茶叶史上的一次遗珠之憾。同为唐代品茗大师的卢仝，在其诗《走笔谢孟谏议寄新茶》中云："开缄宛见谏议面，手阅月团三百片。"对于这首名诗，许多茶学家均认为卢仝抒写的就是像"月团"一样的普洱饼茶。卢仝当时是否写的就是普洱茶，站在客观的立场上，或许谁也不敢下定论。银生城远在蛮乡天际，作为河北涿县人，卢仝既不仕进，也未远游，普洱茶真能像天上的月牙照亮他隐居的少室山？但从唐代、宋代多产团饼茶的事实来看，卢仝写没写普洱茶倒显得并不重要了，重要的是，普洱茶或许是天下唯一承接唐宋团茶衣钵的茶类了。

　　在明清普洱茶极盛时期，作为茶叶的集散地，普洱有6条"茶马大道"通向云南省内各地、西藏乃至国外，这6条"茶马大道"就是邓时海先生所言的"丝茶之路"的主干部分。它们依次是："普洱昆明官马大道"，茶叶据此由骡马运到昆明，然后再被客商运往四面八方；"普洱下关茶马大道"，茶叶据此运往滇西各地及西藏；"普洱莱州茶马道"，茶叶据此过江城，入越南莱州，然后再转往西藏和欧洲等地；"普洱澜沧茶马道"，茶叶据此过澜沧，入孟连，最终销往缅甸各地；"普洱勐腊茶马道"，茶叶据此过勐腊，然后远销老挝北部各省；最后一条是"勐海景栋茶马道"，此道是6道中唯一没经普洱集散的一条"外线"，即普洱茶商们直接深入普洱茶主产区勐海，购得茶叶后，直接取道打洛，至缅甸景栋，然后再转运至泰国、新加坡、马来西亚和中国香港等地。

6条茶马大道，均以普洱为圆心，向东西南北四个方向阳刚地延伸。它们除了把茶叶带向四面八方以外，那成群结队的马帮和贩夫走卒，也在克服了涉大川、翻高山，与瘴气流疾对峙，与匪患周旋的种种艰辛之后，把异地的布匹、盐巴、铁器以及种种生活理念和农耕技艺，带到了这一片远方的秘境。

天下没有孤悬之地，一声鸟的鸣叫，一次大象的奔走，一声孟加拉虎的啸鸣，凤尾竹下傣族少女的每一首歌谣，布朗山的每一个黄昏……它们都是利奥波德所说的"土地伦理观"的一个组成部分，我们都能在迢遥的万里之外，用心灵感应，用目光凝视，用耳朵聆听。

如果真把"南方丝绸之路"改为"南方丝茶之路"，我是非常赞赏的。在约定俗成的"南方丝绸之路"的地图上，其起点是四川宜宾（旧称叙府），经秦代李冰所开五尺道，过昭通、曲靖，达昆明，然后又分两条，或往滇西北的大理并一直延伸，或往普洱直达东南亚。在宜宾至昆明这一条线上，路途很少旁出，是线性的，但在普洱和滇西北则呈网状，四面勾连散射。之所以有此气象，除地理因素外，茶叶贸易在其间起到了决定性作用。云南省茶业协会主办的杂志《云南茶叶》1999年第3期中公布的"1998年云南省

个产茶大县

（市）排行榜"，还可以让

我们看到茶叶贸易的另一种力量。其

排行依次是：勐海（6 909 吨）、景洪（6 708 吨）、

凤庆（6 508 吨）、昌宁（3 842 吨）、澜沧（3 540 吨）、思茅

（2 911 吨）、潞西（2 880 吨）、云县（2 873 吨）、永德（2 859 吨）、江

城（2 754 吨）、腾冲（2 420 吨）、双江（2 259 吨）、临沧（1 905 吨）、

景东（1 789 吨）、沧源（1 763 吨）、耿马（1 754 吨）、盐津（1 705 吨）、

南涧（1 629 吨）、景谷（1 464 吨）和勐腊（1 371 吨）。在此排行榜中，

勐海作为龙头老大不足为奇，旧时的老茶区景谷和勐腊位列末尾，也

可理解为时光的变迁，可对云南茶业稍具常识的人，都会发现20个

县（市）中有一"另类"，它就是盐津。其他县（市）产茶可谓都是

名满天下，唯盐津产茶，位居勐腊和景谷之前，这却有些不可思议。

　　盐津产茶，应是……丝茶之路"的一个佐证。盐津地处滇

川交界，扼"丝绸……咽喉，在该县豆沙乡石门关一带，至

今还保存着一……道"。青石板上的马蹄痕，深达数寸，

弯下腰，还可……腐叶和杂土，也可想象出昔日往来马帮

行走的热闹景象。据民国时期陈一得先生编纂的《盐津县志》及萧瑞

麟的《乌蒙纪年》记载，在明清时代，盐津只需设卡收税即可维持县

治。李冰开五尺道，圆了秦国江山关中、四川和云南"栈道千里，无

所不通"之梦，却也从此把云南与中原连在了一起。盐津作为"南方

丝绸之路"的必经之地，客观上见证了云南与内地的经济往来。普洱

茶作为贡品，必经盐津，方能入京师，一队队由昆明、曲靖、昭通辗

转而来的马帮和挑夫，必经盐津，方能去四川或者中原。1940年，中

茶云南公司在四川宜宾设办事处"集散"云南沱茶即是最好的佐证。

云南茶、四川盐，在此向两个端极不停地流淌。昭通地区大多数县（市）不产茶，为何就盐津和其周边县份产茶？如果仅从地理和气候的角度去推断，是不确切的。众所周知，盐津的盐矿储量并不具备开采价值，可由于旧时盐巴所展示出来的巨大的经济效益，盐津也曾开盐井采盐。在清代学者檀萃所著《滇海虞衡志》一书中，曾把茶叶称为"大钱粮"；在《普洱府志》中则记录了清政府收取茶捐的具体数目。这些史料准确地体现出了当时茶叶在社会生活中的经济价值，盐津南接昆明涌动的茶市，北交四川茶区，又有中茶云南公司于宜宾作"策应"，岂有不受影响之理？今《盐津县志》载文称，盐津之茶，先乃小叶种，后改为大叶茶，且由此品种之改，产量提高了20%。

大叶茶的故乡即今西双版纳和思茅等地，盐津引种，"南方丝茶之路"之说，也就有根有据了。我们由此也可以这么讲，在清代以前，或许正是因了欣欣向荣的茶叶交易，更大限度地把云南高原牢牢地维系在了"南方丝绸之路"这一黄金经济网络之中，并使之没有彻底地被世界所遗忘。

二

站在经济学的立场上看云南，旧时的云南，在很大程度上，是依靠茶叶、黄铜以及朱提银向世界表明自己的存在的。《续云南通志长编》中曾载文：

本省为著名产茶区域。普
洱贡茶，名满海内。
往 昔 盛

时，即六大茶山，亦年产十数万担。味醇质厚，品种特优。况滇为山国，农产不丰，而全省之气候、土壤、地势，几无不宜茶。故就滇茶之环境与品质论，实具有攫取国际市场，而与印度、锡兰、日本、爪哇等产茶国角逐于世界市场之可能性。惜乎地处边陲，交通梗阻，农民墨守成规，举凡栽培、制造、包装诸要端，均粗拙简陋……滇茶主要产地，大部偏于西南一隅。发源于六大茶山，延及澜沧江左右之哀牢、蒙乐、怒山间高地。换言之，其发展趋势，大抵由思茅迤南之江城、镇越、车里、佛海、五福、六顺等县，渐移向西北之澜沧、景东、双江、缅宁、云县，而迄于顺宁……六大茶山者，或谓攸乐、革登、倚邦、莽芝、蛮砖、漫撒；或谓倚邦、架布、嶍崆、蛮砖、革登、易武；或谓倚邦、易武、蛮砖、莽芝、革登、架布，未知孰是。此六大茶山，在昔均隶思茅厅，思茅厅又属普洱府，故外省人士概名滇茶曰'普洱茶'，实则普洱并不产茶，昔思茅沿边十二版纳地所产之茶，盖以行政区域之名而名之耳……（滇茶）以销路别：有销四川之沱茶，销西藏之砖茶、紧茶（心脏形），销暹罗、南洋、香港之圆茶（圆饼形，直径七八寸，每筒七饼，亦称七子圆），销古宗西藏之蛮庄茶，销本省之散茶……

在该书中，亦称普洱不仅不产茶，而且不是茶叶的集散地，真正的茶叶集散是在昆明和下关完成的。因为当时滇茶"除销本省外，以销四川、康、藏为大宗，间销安南、暹罗、缅甸、南洋及我国沿海沿江各省。"昆明和下关，前者由昭通盐津一线入川，后者一可通藏，二可上丽江入川。鲜为人知的是，勐海（时称佛海）一度是滇茶南行的集散地。李拂一先生所著《十二版纳志》称，十二版纳的商品，以茶叶为大宗，由佛海年销印度、不丹、尼泊尔、缅甸、中国西藏、中国香港等地达36 000驮，而流向思茅方向仅1 000驮左右。这个数据如果没有隐藏着人为的想象力，它对于普洱来说，就是非常残酷的，

因为人们已经习惯于普洱是茶叶集散地的说法。可问题又在于，李拂一用数据，《续云南通志长编》所言又是官方的"振振有词"。但不管怎么讲，昆明、下关、勐海集散也好，普洱集散也罢，抛开时间的变换和世事的反复不说，茶叶作为旧时云南的一个象征，其身影越发地清晰起来了。它不仅仅活跃于西双版纳、思茅、临沧以及保山这些茶叶主产区，也作为"南方丝绸之路"网络之上急速运行的精灵，全方位地介入到了云南的每一个角落。特别是它北上四川，把整个滇东北山国也迅速地激活了。

三

唐时品茗大师卢仝有吟茶诗，抒写七碗茶，传达的是七种饮茶境界：

一碗喉吻润，两碗破孤闷。

三碗搜枯肠，唯有文字五千卷。

四碗发轻汗，平生不平事，尽向毛孔散。

五碗肌骨清，六碗通仙灵。

七碗吃不得也，唯觉两腋习习清风生。

蓬莱山，在何处？玉川子，乘此清风欲归去。

七种境界，次第升华，若非文人雅士或心静如水且有情趣之人，断难体悟。一部中国茶史，即是一部永远也不会有结尾的心灵史，且习茶有道，环境设置、茶具选配、用水、择茶、泡茶，及至茶禅同心——每一个环节，每一道程序，皆因俗而俗，因雅而雅，步步玄机。茶仙陆羽说茶："茶有九难，一曰造，二曰别，三曰器，四曰火，五曰水，六曰炙，七曰末，八曰煮，九曰饮。"从造到饮，过程之完美，绝对不是贩夫走卒的豪饮可以与之相比的。明代是中国历史上的享乐主义时代，张源在《茶录》一书中说："饮茶以客少为贵，客众则喧，喧则雅趣乏矣。独啜曰神，二客曰胜，三四曰趣。""神、胜、趣"三字，又有几个茶人能抵达？

作家林语堂也有茶论，并从技术上总结出了十个要点："第一，茶叶娇嫩，茶易腐败，所以整治时，须十分清洁，须远离酒类、香类一切有强味的物事和身带这类气息的人；第二，茶叶须贮藏于冷燥之处，在潮湿季节中，备用的茶叶须贮锡罐中，其余则另贮大罐，封固藏好，不取用时不可开启，如若发霉，则须在文火上微烘，一面用扇子轻轻挥扇，以免茶叶发黄和变色；第三，烹茶的艺术一半在于择水，山泉为上，河水次之，井水更次，水槽之水如来自堤堰，因为本属山泉，所以很可用得；第四，客不可多，且须文雅之人，方能鉴赏杯壶之美；第五，茶的正色是清中带微黄，过浓的红茶即不能不另加牛奶、柠檬、薄荷或他物以调和其苦味；第六，好茶必有回味，大概在饮茶半分钟后，当其化学成分和津液发生作用时即能觉出；第七，茶须现泡现饮，泡在壶中稍稍过候，即会失味；第八，泡茶必须用刚沸之水；第九，一切可以混杂真味的香料，须一概摒除，至多只略加些桂皮或代代花，以合有些爱好者的口味而已；第十，茶味最上者，应如婴孩身上一般的带着奶花香。"与卢仝、陆羽和张源等人的言论相比，林语堂先生之论，虽更具生活气息，有了平民百姓的气味，可也不是人人均能为之，由茶而生的精神向度，仍有"等级森严"的意味。

我之于茶，由普洱茶始。

老家在滇东北，我所出生的寨子，位于云贵川三省的交界处，自古都是物资集散的好地方，也就自古都有无数的马帮。父亲的回忆很生动：在那些黑黑白白的时光深处，屋后的官道上，那些身驮重物的马匹，一匹接着一匹，从天亮走到天黑，从天黑又走到天亮。有时候，总见喝醉了酒的赶马人，拉着马尾巴，踉踉跄跄地走过。偶尔停下来，那血红的眼睛，老是盯着村里的小媳妇，因此一茬一茬的风流韵事总如野外的草，割了生，生了割，谁都打整不净。也因此才有一次次的操刀相搏，多少赶马人没有死在最险的路上，却死在了一次忽然来临的欲望之中。

　　不过，对这些，父亲只是一个旁观者，他没有更多的发言权。作为亲历者，我的爷爷更能说清楚那些马帮的来处和去向。能买马结帮，往来于滇川的人，大都是富豪。我的爷爷是个挑夫，他属于云南高原上缺少买马钱又必须介入商事以便养家糊口的那一类人。在我刚刚懂事的那些年月，他已经因生活的艰辛而苍老得脾气怪诞。如果仅以时光为凭证，他的年纪还不足以让他身体变形，像一部用旧了的机器，每一个部件都有了毛病，生满了锈。在我的印象中，他总是因寒冷而战抖，无论什么季节，从不扣上长衫上的扣子，总是披着，露出他那皱巴巴的胸膛，而且时时刻刻都坐在火塘边，把火烧得很旺，让火光直接映照着他的胸膛。爷爷的模样像只飞过雨季的大鸟，他在烘烤他那被雨淋湿了的翅膀。

　　偶尔，爷爷也会从枕头边拿出后来我才知道名叫"七子饼茶"的圆茶，像护着宝贝似的，手抖着，拉开棉纸，掰下一小坨，吃烤茶。那时候，茶是奢物，母亲教导我们，说喝茶是恶习，会把肚子里面泡黑，因此，我们都觉得爷爷不是什么好人。爷爷烤茶用的罐子产自贵州威宁，据说只有威宁产的茶罐烤出来的茶味最香、最醇。爷爷先是把茶罐放在火中预热，然后才左手握着茶叶，右手执着茶罐在火上晃来晃去，双眼

死死地盯着罐口，直到糊满了茶垢的罐子中飘出一丝一缕、若有若无的雾气或香味，且罐底隐隐地有了暗红，才将茶叶投入，随后，执罐的右手剧烈摇晃，偶尔一个急停，再摇，再急停，缠缠绵绵，用鼻嗅，用眼看，在自认为恰到火候的时候，才将烧沸的开水注入。一声"扑哧"，便提起茶罐倒茶水，而倒出的往往只有膏一般黑糊糊的一口左右。膏一般的液滴，在爷爷的口中，我无法想象它的滋味，但爷爷那不停咂着的嘴唇，让我看见了幸福。

除了吃烤茶外，爷爷还在他的挑夫生涯中养成了吃干茶的习惯。外出晒太阳，随身带一小坨，茶瘾上来，就放入口中细嚼。细嚼茶叶的模样，也同样痴迷。

在爷爷的叙述中，由于害怕沿途的劫匪，他的每一次"上云南、下四川"的挑夫旅程都跟着大户人家的马帮走。出家门，他挑曲靖的韭菜花、昭通的酱，一路走下高原，在四川盆地的一个个市镇间叫卖。担子空了，就从四川自贡买盐，又一路地走上高原，在昭通稍事休整，花13天时间走到昆明，随之玉溪、墨江、普洱，以及江城、勐海……直到担中货物全部卖光。有时，爷爷挑货，也不限品种，比如行到昆明，盐卖光了，他也会换一些其他货物，然后再一路向南。爷爷临终之前，仍把景洪叫车里、勐海叫佛海，断断续续地说起江城，还能背诵这样的顺口溜："云南有个江城县，衙门像猪厩，大堂打板子，四门听得见。"在他的印象中，江城县城，实在是太小了。到了茶区，爷爷自然不会空手而归，他往往都要挑一担茶叶返回，然后下四川。普洱茶在四川，销量最大的是成立于光绪初年的宋云号茶庄生产的"宋圆茶"，可爷爷嫌其质量不好，一意孤行先挑"可以兴砖茶"，后渐渐改为佛海茶厂生产的"红印圆茶"……

爷爷是挑夫，于茶，属于海喝一类，却因傣历年前后的几次版纳行，与可以兴茶庄、佛海茶厂生产的茶叶结下不解之缘。现在思忖起来，让我感到冥冥之中有一种血脉的传承。他临终前，仍执迷于"七子饼"，尽管此物已非昔日的"红印"和"绿印"，可这种只有赤子才有的心肠，令我自叹弗如。由此也知道了这样的道理：茶无等级，饮茶亦无方式，唯精神永恒。陆羽之茶，卢仝之茗，张源、林语堂诸公之雅，大抵都可视为私事，尽由心生，尽由自持。但勐海之普洱茶，得诸多品茗大师所推崇，却也不妨碍我那作为挑夫的爷爷所嗜好，其中定有缘由，而这也成了我写此书的源起。

关于普洱茶

第一篇

西双版纳，西汉时属益州郡，东汉时改属永昌郡，唐宋时属南诏蒙氏和大理国段氏政权之"银生节度"。南宋绍兴三十年（公元1160年），傣族首领帕雅真统一了西双版纳各部落，建立了"景陇王国"，可仍属大理国一方之主。元灭大理国，西双版纳进入土司统领时代。民国时期，版纳又隶属普思沿边行政总局，后改设县治，几经更迭，土司制度却岿然不变，被元明两代中央王朝册封为世袭"车里宣慰使"的刀氏土司，共传41代，成为西双版纳自元代之后、中华人民共和国成立之前这一漫长时间段上的最高世袭领主和统治者。1949年后，西双版纳地区或设县治，或实行民族区域自治，可直到1973年以前，仍属思茅地区管辖。1973年，得周恩来总理的亲切关怀，西双版纳傣族自治州才得以恢复，直属省管。

若无此由时代驱动的西双版纳沿革幻变，唐人樊绰所著《云南志》（卷七）中所言："茶，出银生城界诸山……"也就可以成为普洱茶产地的盖棺之论，自然也就不会引出任何笔墨官司。普洱茶产于西双版纳，还是思茅？从历史学的角度去概论，说普洱茶产于思茅也不为过，因为在行政区划上，西双版纳曾长期隶属于"思茅"或"普洱府"，直到1973年"分家"，方才"各自为政"。因此也才有《续云南通志长编》之说："六大茶山，在昔均隶思茅厅，思茅厅又属普洱府，故外省人士概名滇茶为'普洱茶'，实则普洱并不产茶，昔思茅沿边十二版纳地所产之茶，盖以行政区域之名而名之耳。"按今日之行政区划，普洱茶的产地或说主产地又该是什么地方呢，普洱，还是版纳？

产地和命名

当下有关普洱茶的典籍研究，仍无人能逾越著名历史学家方国瑜先生。纵观沸沸扬扬的诸多研究文字，大凡"引经据典"，都是方国瑜先生所引用过的，无论是从历史学的角度、语言学的角度，还是从经济学的角度。

在此特附录方国瑜先生《闲话普洱茶》一文：

闲话普洱茶

◎ 方国瑜

久已驰名国内并畅销国际市场的云南普洱茶，产于西双版纳的易武和佛海地区（编者注：易武即今勐腊一部，佛海即今勐海）。这些地区栽培茶树始于何时，尚待研究。但据查，佛海南糯山种茶，在倚邦、易武诸山之后。现在南糯山有三人合抱的大茶树，已枯死一棵，锯其干，从年轮知道已生长了七百多年（编者注：南糯山"茶王树"，最古者为八百多年）。这只是现存最老的茶树之一，不一定是最早种的，开始种植的年代当比七百多年前更古；倚邦、易武诸茶山的历史之久，就可想而知了。

我国人民日常生活中，煮茶作饮料的年代很早，最初是一种小树的苦叶，称为苦茶；汉魏以后，才有采茶品茗；至唐代，此风大盛，种茶产茶者愈多。《本草图经》说："茶的生产，闽、浙、蜀、荆、江湖、淮南山中皆有之，行销全国各地。"陆羽嗜茶，著《茶经》二卷，讲采制饮用之法；其后，各家著述尤多（所知有专书约二十多种）。茶也成为日常必需饮料了。

西双版纳产茶的记载，始见于唐代。樊绰《云南志》（卷七）说："茶，出银生城界诸山，散收无采造法。蒙舍蛮以椒、姜、桂和烹而饮之。"李石《续博物志》（卷七）也说："茶，出银生诸山，采无时，杂椒姜烹而饮之。"按樊绰作书于咸通四年（公元863年），根据的是贞元十年（公元794年）以前的记录；至于李石之书，作于宋代，摘录樊志，用字过省，不尽符合原意了。

所谓银生城，即南诏所设"（开南）银生节度"区域，在今景东、景谷以南之地。产茶的"银生城界诸山"在开南节度辖界内，亦即在当时受着南诏统治的今西双版纳产茶地区。又所谓"蒙舍蛮"，是洱海区域的居民。可见早在一千二百年以前，西双版纳的茶叶已行销洱海地区了。当时，西川也盛产茶叶，韦齐休《云南行记》说："名山县出茶，有山曰蒙山，联延数十里。"这是所谓雅州蒙山茶，可能行销到云南。但从语言来研究，云南各族人民饮用之茶，主要来自西双版纳。今西双版纳傣语称茶为la，彝语撒尼方言、武定方言也称茶为la，纳西语称为le，拉祜语称为la，皆同傣语，可知这些民族最早饮用的茶是傣族供应的。西南各族人民仰赖西双版纳茶叶的历史已很久了。

西双版纳产茶，因此当地的茶叶贸易发达。元代李京《云南志略·诸夷风俗》"金齿百夷"（即傣族）条说："交易五日一集，以毡、布、茶、盐互

相贸易。"在傣族集市上以有易无，茶为主要商品之一。而茶叶之集中出口，则在普洱，明《万历云南通志》（卷十六）说："车里之普洱，此处产茶，有车里一头目居之。"根据万历志所记路程：由景东一日至镇源，又二日进车里界，又二日至普洱，又四日至车里宣慰司之九龙，即今允景洪。可知普洱即今之普洱县城。在那里设官经理茶贸，可见当时茶叶出口的数量已相当多。茶叶市场在普洱，由此运出，所以称为普洱茶。明谢肇淛《滇略》（卷三）说："士庶所用，皆普茶也，蒸而成团。"所谓"普茶"即普洱茶，那时已有加工揉制的"紧茶"了。谢肇淛作书在万历末年（约公元1620年），普洱茶成为一个名词，始见于此书。但普洱地并不产茶，而产于邻近地区，清阮福的《普洱茶记》已讨论过这个问题，他说："所谓普洱茶者，非普洱府界内所产，盖产于府属之思茅厅界也。厅治有茶山六处，曰倚邦，曰架布，曰嶍崆，曰蛮砖，曰革登，曰易武。"这就是所谓六大茶山，以倚邦、易武最著名。此外，佛海、景谷等处的茶叶也汇集于普洱，都称为普洱茶了。

普洱为茶叶集中地，对茶区的社会经济关系影响很大，清《雍正云南通志》（卷八）"普洱府风俗"条说："衣食仰给茶山。"又《乾隆清一统志·普洱府》说："蛮民杂居，以茶为市。"当时，傣族、哈尼族、攸乐人（现基诺族）与汉族在普洱交易茶叶极盛，出口的数量也很大。檀萃《滇海虞衡志》（卷十一）说："普茶，名重于天下，此滇之所以为产而资利赖者也。入山作茶者数十万人，茶客收买运于各处，每盈路，可谓大钱粮矣。"清初以来，普洱茶大量行销全国，与蒙顶、武夷、六安、龙井并美。

普洱茶大量出口，奸商、贪官趋之若鹜，垄断茶山贸易，残酷剥削茶农。雍正六年（公元1728年）倪蜕《滇云历年传·雍正六年下》说："莽芝（地名）产茶，商贩践更收发，往往舍于茶户。"坐地收购茶叶，轮班输入内地。清廷也在普洱设府，管制茶叶出口，抽收税银。在商、官双重剥削下，以致"普洱产茶，颇为民害"。至清末剥削更甚，在思茅厅设"官茶局"，在各茶山要地分设"子局"，控制茶贸，抽收茶税；随后又开设"洋关"，对普洱茶增收"落地厘金"，即每一两银价值的货物加收二分。茶税一加再加，茶农负担越来越重，致使茶叶生产遭到严重破坏，清季以后渐不堪问了。

普洱茶供应藏族地区，有很大意义，值得一提。康藏地区自古畜牧，以牛乳制酥油为主要食品之一。《新唐书·吐蕃传》所说藏族饮用的"羹酪"，就是酥油茶。用茶水熬酥油作为食品，是因茶叶有助消化、解油腻、去热止痰等作用，所以茶为日常饮食所必需，《明史·朵甘传》说："其他皆食肉，倚茶为命。"所以历代由内地对藏族地区供应茶叶，而藏族向内地输运马匹，即所谓"摘山之产，易厩之良"。滇茶行销藏族地区的年代当很早，到明代已很发达。明季云南各族人民抗清斗争，坚持十七年之久，以至对藏族地区供应茶叶稀少。清兵入滇以后，藏胞即来交涉茶马贸易。刘健《庭闻录》说：顺治十八年（公元 1661 年）三月，"北胜（永胜）边外达赖喇嘛、干都台吉以云南平定，遣使邓几墨勒根赍方物求于北胜州互市茶马。"就在这年十月在北胜州开茶市，以马易茶。因普洱茶还不够藏族商人的需要，又招商人到川湖产茶区采购运至北胜州互市。后来丽江府改设流官，且交通较便，茶市改设丽江。藏族商人每年自夏历九月至次年春天赶马队到丽江，领茶引赴普洱贩茶。从丽江经景东至思茅，马帮结队，络绎于途，每年贸易额有五百万斤之多。另外，汉族、白族和纳西族商人也常贩茶供应藏族地区。

"茶马互市"不仅把西藏和云南及内地在经济上紧密联系起来，而且在促进政治联系上也有很大作用。明万历年间，王廷相作《严茶议》说："茶之为物，西戎吐蕃古今皆仰给之，以其腥肉之物，非茶不消；青稞之热，非茶不解，故不能不赖于此。是则山林茶木之叶，而关国家政体之大，经国君子固不可不以为重而议处之也。"这是不可分割的经济联系在政治上的反映。

英帝国主义从印度侵略我国西藏，妄想割断藏族人民与祖国内地的经济联系，以茶作为侵略手段之一。约在公元 1774 年，英国印度总督海士廷格派遣间谍进入西藏活动，就曾运锡兰茶到西藏，企图取代普洱茶，但藏族人民不买他们的茶叶；公元 1904 年英帝国主义派兵侵入拉萨，同时运入印度茶强迫藏族人民饮用，也遭到拒绝。英帝国主义者认为印度茶不适合藏族人民口味，于是盗窃普洱茶种在大吉岭种植，并在西里古里秘密仿制佛海紧茶，无耻地伪造佛海茶商标，运至可仑坡混售，但外表相似，本质不同，藏族人民还是没有受其欺骗。英帝国主义阴谋夺取茶叶贸易、割断藏族人民与祖国经济联系的企图，始终未能得逞。

所以普洱茶的作用，已不止是一种名茶和单纯的商品了。

方国瑜先生的这篇文章，产生于"普洱茶产地之争"之前，虽然在部分段落的文风上浸染了一定的时代特征，可诸多考据，说事说理，无不准确客观。最可贵的是，此文对普洱茶的产地和命名，从历史、语言和经济三个方面作了界定。这也难怪它会成为后代学人们研究普洱茶史的一座丰碑。普洱茶产于何处？西双版纳。"普洱茶"命名始于何时？明朝万历年间。为什么叫"普洱茶"？皆因行政隶属，而非普洱产茶。

方国瑜先生在文章最后提及的藏族马队到思茅购普洱茶之事，在李拂一先生所著的《十二版纳志》和《十二版纳纪年》中均有论述。特别是民国年间，普洱作为集散地的角色丧失，代之的是佛海（勐海），几十家集制茶和销茶为一体的茶庄，把佛海带到了云南茶贸的最前沿。1930 年 12 月，丽江、中甸、维西的藏族茶商，以骡马千余匹的浩大阵容进入勐海，购紧茶 800 担，预购春茶 700 担……这一事件，标志着民国时期思茅制茶业的衰落，也标志着勐海及整个版纳地区的茶业从后台走到了前台。

普洱贡茶

清人阮福，凡提普洱茶，似乎都不能不提到他，因为他在 1825 年写了篇文章，叫《普洱茶记》。这篇文章是普洱茶作为"贡茶"的最可靠依据。他为什么写这篇文章，用他自己的话说："普洱茶名遍天下。味最酽，京师尤重之。"这篇文章不长，也不妨录于后：

普洱茶记

◎ 阮 福

    普洱茶名遍天下。味最酽，京师尤重之。福来滇，稽之《云南通志》，亦未得其详，但云产攸乐、革登、倚邦、莽枝、蛮砖、慢撒六茶山，而倚邦蛮砖者味最胜。福考普洱府古为西南夷极边地，历代未经内附。檀萃《滇海虞衡志》云，尝疑普洱茶不知显自何时。宋范成大言，南渡后于桂林之静江以茶易西蕃之马，是谓滇南无茶也。李石《续博物志》称，茶，出银生诸山，采无时，杂椒姜烹而饮之。普洱古属银生府，西蕃之用普茶，已自唐时，宋人不知，尤于桂林以茶易马，宜滇马之不出也。李石亦南宋人。本朝顺治十六年平云南，那酋归附，旋叛伏诛，遍隶元江通判。以所属普洱等处六大茶山，纳地设普洱府，并设分防。思茅同知驻思茅，思茅离府治一百二十里。所谓普洱茶者，非普洱府界内所产，盖产于府属之思茅厅界也。厅治有茶山六处，曰倚邦，曰架布，曰嶍崆，曰蛮砖，曰革登，曰易武，与《通志》所载之名互异。福又捡贡茶案册，知每年进贡之茶，列于布政司库铜息项下，动支银一千两，由思茅厅领去转发采办，并置办收茶锡瓶缎匣木箱等费。其茶在思茅。本地收取鲜茶时，须以三四斤鲜茶，方能折成一斤干茶。每年备贡者，五斤重团茶、三斤重团茶、一斤重团茶、四两重团茶、一两五钱重团茶，又瓶盛芽茶、蕊茶，匣盛茶膏，共八色，思茅同知领银承办。《思茅志稿》云，其治革登山有茶王树，较众茶树高大，土人当采茶时，先具酒醴礼祭于此；又云茶产六山，气味随土性而异，生于赤土或土中杂石者最佳，消食散寒解毒。于二月间采蕊极细而白，谓之毛尖，以作贡，贡后方许民间贩卖，采而蒸之，揉为团饼；其叶之少放而犹嫩者，名芽茶；采于三四月者，名小满茶；采于六七月者，名谷花茶；大而圆者，名紧团茶；小而圆者，名女儿茶，女儿茶为妇女所采，于雨前得之，即四两重团茶也；其入商贩之手，而外细内粗者，名改造茶；将揉时预择其内而不卷者，名金玉天；其固结而不改者，名疙瘩茶。味极厚难得，种茶之家，荛锄备至，旁生草木，则味劣难售，或与他物同器，则染其气而不堪饮矣。

以前读过阮福此文的摘句，一直以为他走遍了版纳、思茅等膏沃之地。细读，乃知他也是个"官僚主义者"，所谓"福来滇"，顶多也就到了昆明，查了些资料，看了一下贡茶案册，便以昔日典籍之言所言，完全没有一点田野考察之风，更谈不上深入基层与茶农同吃同住同劳动。但重要的是，此文把普洱茶作为"贡茶"的记忆非常可信地记录了下来。

阮福说普洱茶是贡茶，意外的是，在庄晚芳教授《中国茶史散论》之清代贡茶附录中，却找不到普洱茶的身影。陆羽列茶，未列普洱茶，是遗漏，庄晚芳教授也遗漏了普洱茶？好在同为今人的邓时海先生所著《普洱茶》一书中，却有这么一段文字："东晋《华阳国志》记载，周朝时，云南茶叶已有进贡朝廷了，但其中有哪些品种，前后延续了多少时间，不得而知。唐宋以来，云南茶叶销往西域与日俱增，开拓了茶马市场，影响了东西贸易形态，受到全国重视。尤其到了清朝，普洱茶的声誉远播，也引起了清朝宫廷的注意及好感。雍正皇帝于1726年，指派满族心腹大臣鄂尔泰出任云南总督，推行'改土归流'的统治政策。三年后设置'普洱府治'，控制普洱茶的购销权利，同时推行'岁进上用茶芽制'，选最好的普洱茶进贡北京，以图博得皇帝的欢心，并曾经得到皇帝多次赐匾，目前仍留有'瑞贡天朝'一块。"

邓时海先生之言是事实。鄂尔泰入主云南，曾设"普洱贡茶茶厂"，地址就在今宁洱镇，即今普洱茶厂，专门生产贡茶。生产贡茶之所需，如阮福所言，"动支银一千两"。生产贡茶的时间，据考证，从1729年至1908年，达179年。1908年，即光绪三十四年之所以中止贡茶生产，原因

是
云南民间盗匪
猖獗，将当年运往京师的
贡茶拦劫于昆明附近，当时朝廷动荡，
国运式微，朝廷不追究，此事也就不了了之，贡茶
生产从此中断。清朝廷喜爱普洱茶，就像末代皇帝溥仪对作家
老舍所言："普洱茶是皇室成员的宠物，拥有普洱茶是皇室成员显贵的标
志。"还说，皇室成员的饮茶习惯，一般是"夏喝龙井，冬喝普洱"。皇
室成员之所以宠爱普洱茶，一因普洱茶解油腻助消化，而满族的祖先乃
游牧民族，以肉食为主，入主北京后，珍馐摄入较多，遂以普洱茶解之；
二因普洱茶独特的陈香味。据说，年事已高的慈禧太后最喜普洱茶。

在进贡京师的普洱茶中，极品名叫"金瓜贡茶"。此茶现在杭州
中国农业科学院茶叶研究所（以下简称"农科院茶研所"）还有实物，
已被视为"国宝"。它之所以能幸存至今，还是因有北京故宫的一些
老专家的保护。1963 年，故宫清理清宫贡茶，获两吨多，其中就有一
些保存完好、时间达 150 年以上的普洱茶。可时值全国茶叶减产，这
些普洱茶便被打碎并入其他普洱茶中，流向了市场。所幸一些专家把
较大的一两个金瓜贡茶留了下来，并于 20 世纪 80 年代中期交由农科
院茶研所研究和保存。

普洱贡茶茶厂设在普洱，这也是现今"普洱茶原产地之争"的一
个焦点。1988 年 7 月，由云南省民族理论学会思茅分会普洱小组撰
写的《再论普洱茶的光辉历史》一书中称："普洱的贡山茶为数不多，
产于普洱县西门山，质地精致，为历代贡奉京师之首茶，已被历代皇
帝视为异珍，称为诸茶之首、众茶之冠。此茶是产于普洱府内，谁还
能用更超于贡山茶的历史雄辩来阐明普洱茶不是产于普洱呢……普洱
勐先小板山的茶王树名震海内外，普洱茶自身的味道气性、质量方面

早已盖于六大茶山之茶。"

　　与此观点相对立的，自然就是历朝历代的典籍了，无论是书典，还是民国时期的官方文案，均称"普洱不产茶"。更有说服力的是，1963年故宫遗留下来的"金瓜贡茶"，即普洱茶中的极品。在走访过"普洱贡茶茶厂"且在茶厂门前留影纪念的普洱茶研究专家邓时海先生所著的《普洱茶》一书中，仍注明："金瓜贡茶"乃是采用西双版纳倚邦茶山之茶所制。普洱的"贡山茶"仍未在事实上敌过版纳茶。邓时海先生称："普洱贡茶的茶菁，是来自云南省最南境的六大茶山，由马帮走过了两三百里的石块古茶道，运送到普洱府宁洱县县城的普洱茶厂，再加工精制成各类型普洱贡茶。"

工 艺

据《勐海县志》载，1940 年，当时的云南财政厅采纳了在思茅、普洱一带办理盐务和税务的官员白耀明的建议，在勐海南糯山建立了由白耀明任厂长的南糯山制茶厂。该厂从印度引进制茶机，从沪杭选聘来高级制茶技师十多人，改变传统制茶工艺，生产迎合国外消费者口味的红茶。这是云南第一次出产红茶。

引此资料，目的是想说明，在南糯山茶厂生产红茶之前，大凡产于西双版纳以及思茅地区的茶叶，几乎毫无例外地被统称为"普洱茶"。黄桂枢先生在《云南普洱茶史与茶文化略考》一文中，除认可"以云南大叶种茶为原料制成的青毛茶，以及用青毛茶压制成各种规格的紧压茶，如普洱沱茶、普洱方茶、七子饼茶、团茶、竹筒茶和拼装散茶等"是历史上的普洱茶这一观点外，还把"南糯白毫""女儿茶"和"马邓茶"等一系列产于西双版纳和思茅等地的茶品皆纳入了"普洱茶"的范畴。也就是说，在历史上，除红茶和个别绿茶品牌外，人们都约定俗成地把产于西双版纳和思茅地区的茶品称为普洱茶。

其实，在西双版纳，"普洱茶"是一种独具制作工艺和品质的茶品。笔者于 2000 年 4 月初走访勐海茶厂时，就曾通过该厂厂长阮殿蓉女士的特批，进入该厂普洱茶车间，目睹了普洱茶的整个生产流程。作为有 70 多年历史的、云南最大的制茶企业，勐海茶厂生产的"大益牌"系列普洱茶，在海内外普洱茶消费群体中，享有至高无上的荣誉。特别是在海外，勐海茶厂和"大益牌"就是普洱茶的象征。邓时海先生所著

《普洱茶》一书，在"茶谱篇"中，所列的包括泰国、越南等国生产的普洱茶品种42种，产于西双版纳的（不包括使用西双版纳茶山原料生产的）普洱茶就达31种，而勐海茶厂又占了其中11种。更令人惊异的是，邓时海先生所列的普洱茶大多数均已消逝在历史的烟云之中，不再生产，但所列勐海茶厂生产的普洱茶，今天依然是普洱茶市场上的主力军。

关于普洱茶的工艺，在勐海茶厂老一代制茶人中间，存在着两种尖锐对立的看法。一些人认为，普洱茶工艺是勐海茶厂的"绝密"，普洱茶车间绝不允许外人涉足；另一些人则认为，普洱茶制作工艺天下皆知，广东、香港地区以及云南的众多茶厂，还有越南及泰国等东南亚国家的茶厂都生产普洱茶，用不着保密，而勐海茶厂生产的普洱茶之所以独领风骚，是因为它是"天赐之物"，勐海的地理、气候、水质等因素，是生产优质普洱茶的根本保证，谁也带不走。

普洱茶有别于绿茶、黄茶、红茶、花茶等品类的一个重要因素，是普洱茶的后发酵工艺。在20世纪70年代人工后发酵工艺尚未探索成功之前，普洱茶的后发酵程序是自然完成的，对此，勐海茶厂的老茶人以及茶学界也存在着两种看法。一些人认为，普洱茶之所以有陈香味，是因为以前茶叶外运，靠的是马帮，运输途中难免风吹雨淋，于是受潮产生后发酵；另一些人则认为，以前的西双版纳及其周边地区是瘴气与流疾横行之地，马帮一般不会擅入，往往只在傣历年（4月15日）前后进入茶区运茶，且一年仅此一次，所以，通常茶叶制成后，都要在西双版纳湿润闷热的气候中囤积一年左右的时间，在此期间，产生了后发酵。就此，笔者采访了87岁的勐海茶厂原赶马工项朝福老人，他对茶叶运输途中风吹雨淋导致后发酵一说，进行了果断的否定，理由有二：第一，茶叶均用竹笋叶包扎，雨淋不到；第二，除竹笋叶外，还有大

贡茶制度，初始于西周，形成于唐朝，随清代结束而结束。普洱茶成为"贡茶"始于努尔哈赤，每年上贡3 300公斤。历史沧桑，时光变迁，茶品的式样嬗变不休，却只有普洱茶至今仍保留唐宋风韵，或若满月，或如春泥。舒玉杰先生编著的《中国茶文化今古大观》一书称，清康熙年间地方各省进贡茶叶计13 900余公斤，若普洱茶进贡3 300公斤属实，则占清宫用茶的四分之一了。普洱茶当时的地位，自然也就不须赘言了。

量的遮蔽物，雨水未来，早已把茶叶包扎得十分严实。

至于路上产生后发酵一说，项朝福老人也认同，但他说，绝不是因为雨水，而是因为路途遥远。如果遇上雨水，茶叶就会发霉，而普洱茶，尤其是好的普洱茶是绝不能有霉味的。比如每年所产的秋茶，在版纳囤积的时间并不长，外来马帮来购运时，后发酵还不彻底，但一经上路，最终运到海外、中原及西藏，途中又会产生后发酵。仅勐海到下关，中间就有48个马栈，要走48天。

云南人民出版社于1993年12月出版的第1版《云南省茶叶进出口公司志》，在"制作工艺和机具的科学试验"一节中，有这么一段文字："历史上，普洱茶的后期发酵（或称后熟作用、陈化作用）是在长期储运过程中，逐步完成其多酚类化合物的酶性和非酶性氧化而形成的普洱茶特有的色、香、味的品质风格，有越陈越香的特点。1973年起，昆明茶厂采取速成发酵的办法来达到上述品质形成的目的……"同时该书称，1983年，省经贸厅将普洱茶人工后发酵工艺定为技术保密项目，并由省科委拨出专款进行科学试验，经省微生物研究所两年半时间的反复试验研究，试验结果表明，普洱茶采用人工接种，缩短发酵期是可行的。该研究项目于1985年通过了省级鉴定，荣获了云南省科技进步三等奖。

以上资料提供了这样一条重要线索：普洱茶人工后发酵工艺产生于1973年。但对于这种说法，70岁的勐海茶厂紧压茶车间原主任曹振兴有不同看法，他向笔者展示了一块半斤左右的"云南青茶",生产年代是1969年。为什么叫"云南青茶"?曹振兴的解释是:1969年,勐海茶厂就开始对销往西藏的紧压茶进行人工后发酵实验,并大量生产,只是后发酵工艺尚未成熟而已。后来,销往香港等地的茶叶也按此法生产,并命名为"云南青",这也正是普洱茶又称"滇青茶"的原因所在。这种茶叶,1974年是生产的高峰期。曹振兴认为,"云南青"才是人工后发酵普洱茶的前身。为什么搞"后发酵",曹振兴的解释是,当时勐海茶厂销往香港地区的产品,香港老板对每一宗货都会传回反馈意见,其间就提到了人工发酵。

为什么香港老板会提到人工发酵?曹振兴说,法越战争期间,越南合江茶厂生产了一批茶叶,由于战乱无法外销,囤积了数年,待战争结束后,才把这些茶叶销往香港、广东等地,人们饮用这些茶叶泡

的茶水后，发现它像普洱茶一样又陈又香，便将其称为"发水茶"。广东省口岸公司河南茶厂受越南合江茶启示，就对这些茶叶进行了分析研究，并经过试验，形成了后发酵工艺。

广东的"发水茶"面世，对急于缩短普洱茶发酵周期的云南茶叶界来说，无异于是一个喜讯。据曹振兴回忆，1975年6月，勐海茶厂派出了他、邹炳良、侯三、蔡玉德和刀占刚5人，昆明茶厂派出了吴启英及一个"革委会"副主任2人，一共7人前往广东口岸公司河南茶厂，进行了为期半个月的考察学习。回来后，两厂均开始了大规模的试验，并迅速获得了成功，使后发酵工艺得到了进一步完善，勐海茶厂正式将"云南青"改名为"普洱茶"，开始了"普洱茶"的大批量生产。

（笔者注：此处一些技术性试验细节及最终形成的工艺，是勐海茶厂的不传之秘，略。）

《云南省茶叶进出口公司志》所列普洱茶人工后发酵工艺在云南成形的时间，与曹振兴的回忆有别，这或许还不令人惊奇。令人惊奇的是，笔者在采访86岁的老茶人张存先生时，获得了另外一条重要线索。张存先生是成立于1938年的佛海茶厂（勐海茶厂前身）的遗老，最后的见证人。1985年，原佛海茶厂厂长范和钧（现居美国）到昆明，听说张存还健在，曾通过各种渠道联系，渴望相见，可后因两人皆年事已高，未曾相见，双方都将此引为人生的一大遗憾。据张存先生回忆，在佛海茶厂时代，普洱茶已开始使用"热蒸"发酵（对此，曹振兴以及另外一些勐海茶厂的老茶人均认为，在试制人工后发酵普洱茶的过程中，"热蒸"法也能达到目的，但因其制作方法繁杂，未采用），大

批量生产普洱茶，其关键环节在于要及时摊晾、拼配，并让茶叶保持14%的水分，使其在运输途中仍能发酵。在张存先生的记忆中，当时的佛海茶厂车间，100多座土炉子，火光熊熊，上面是铁锅和篾甑，热气腾腾……因为长时间与火光打交道，张存先生患上了眼疾。

时间就这么容易形成断面，它让许许多多本应传承的东西失去了延续性。但是，在普洱茶人工发酵工艺这一焦点问题上，曹振兴的观点最有说服力：勐海茶厂在"热蒸"的基础上，得广东河南茶厂"发水茶"启示，按传统普洱茶制作工艺要求，形成了独特的冷发酵工艺，并使这一工艺得到进一步的完善。至于普洱茶可以对外传播的具体工艺，罗列如下（据俞寿康1982年编著《中国名茶志》）：

普洱茶，为亚发酵青茶制法。经杀青、初揉、初堆发酵、复揉、再堆发酵、初干、再揉、烘干八道工序制成。各道工序，各处不尽相同，大体制法如下：

杀青：锅温100～120℃，每锅投叶4～5公斤，开始时双手翻炒，至叶热软，叶间水蒸气大量蒸发后，改用闷炒，约经8分钟，至叶茎热软、青气消失为杀青适度。

初揉：揉机转速35～40转／分，投叶量依揉机大小而不同，小型机每次揉量约20公斤，中型机可揉60公斤，一般揉45分钟，以汁出条紧为揉捻适度。

初堆发酵：使叶的青气去净，茶味变醇，去除涩味，汤色橙黄，叶色黄绿带红斑，达成亚发酵特性，初堆发酵6～8小时。

复揉：再紧条索，并促使发酵程度均匀，揉时约20分钟。

再堆发酵：揉后叶不解块，以揉叶团块堆积发酵，经历 12 ~ 18 小时，达到普洱茶应有的发酵程度。

初干：一般为日晒，晒至四五成干。

再揉：经再堆发酵和日晒后，部分较大叶片的揉条，往往有摊伸"回松"现象，再揉的目的在于揉紧这部分摊伸叶的条索，并使茶条表面光润，揉时 15 ~ 20 分钟。

烘干：烘温 100℃左右，烘至茶足干即成。

制作各种型茶，先以毛茶精制，分成若干筛号茶，依型茶规格不同，配以不同比例的筛号茶，称一定重量作一份，投入蒸箱气蒸，蒸后投入小布袋里揉捻，揉后茶仍盛于袋中，连袋装入模具加压成型，待茶固结后，出模去袋烘干，即成普洱型茶。

笔者之所以择此 1982 年总结的工艺入书，一方面因为它还带有极其浓厚的手工特征，易于让人体味到普洱茶制作的精髓，且还暗合了当下世界性的"回归自然"潮流；另一方面，因该书成书于 1982 年，关于普洱茶产地的争论尚未掀起，编著者落笔从容，毫无炒作之嫌，一切都客观公正。比如该书在谈及普洱茶产地时，作为志书，它客观如斯："普洱茶亦称滇青茶，产制地区较多，其中质量特佳者产于西双版纳自治州各县，景东、景谷等县与景东以南茶区。"

品　质

　　邓时海先生以"香、甜、甘、苦、涩、津、气、陈"八字来概括普洱茶的品质，以茶道概述生命，机锋悬迭，隐喻重重。同时，他又回归本质，说普洱茶之香暗藏了荷香、兰香、樟香和青香（青茶之香）……而说到"极品普洱"，他又称"无味之味"。阮福的《普洱茶记》提到："普洱茶名遍天下。味最酽，京师尤重之。"京师之所以看重普洱茶，热爱普洱茶，原因是"味最酽"，邓时海却说"无味之味"才是普洱茶的极品，这其中显然存在着两种对立的茶道：①酒肉之徒的饮茶观与茶禅一心的对立；②普洱茶厚重但又渐变的品质导致的时光美学的极端对立。

　　关于"无味之味"，邓时海说："无味之味有着十足的禅境，此种无比高尚的境界，在数百种茶中，恐怕只有普洱茶所独有了！虽然普洱茶茶道是参化道家的真道，但同时也处处充满禅机。参契者从无味的普洱茶品饮中，透过明心见性而得到顿悟、无我之我的众生相，开启了西天极乐世界的天门，善哉普洱！"

在茶叶本身，"无味之味"是普洱茶的特性之一，由"味最酽"到"无味之味"，因的是上百年的蓄储与陈化，邓氏以此生发，也绝不是纯精神地夸大。至于他把普洱茶视为"茶中之茶"，更显他对普洱茶的厚爱之情了。

在所有有关普洱茶的著述文字中，说到"品"，至今未见逾越邓时海者。由"无味之味"到"普洱茶的喉韵"，从"两颊生津"到"舌面生津"，从"舌底鸣泉"到"精、气、神"，并将卢仝之诗《七碗茶歌》演绎为饮品普洱茶的八个境界："口中劲道→打嗝气→气腾然→发轻汗→肌骨清→通仙灵→清风生→蓬莱出处。"此中真谛，再加之观察饮用普洱茶色彩、水路变化的那份清旷与雅致，天下又有几人参透几分？

普洱茶之所以能够成为茶中之茶，除了制作工艺独具一格外，还有三方面的自然因素：①西双版纳气候温暖，雨量充沛，湿度较大，茶树生长的土层深厚而极肥沃，且有机物质含量丰富；②南方有嘉木，普洱茶原料取自云南特有的大叶种茶，其形状特点是，芽长而壮，白毫特多，银色生辉，叶片大而质软，茎粗节间长，新梢生长期长，持嫩性好，发育旺盛，内含生物碱、茶多酚、维生素、氨基酸等；③西双版纳不仅产茶，且是中国樟脑的主产区之一，当年茶马古道之上，马帮所运之物，除茶叶外，樟脑也是大宗产品之一，李拂一先生在《十二版纳志》一书中称："次于茶叶之外销副产品，当推樟脑。"且版纳的樟脑不像外地樟脑，须栽培二十余年方才采脑一次，且樟脑藏之于树干之中，取脑困难。版纳的樟脑年年可采，若间隔一年，得脑尤多，且樟脑含于叶片之中，取叶蒸馏，即得。李拂一先生说："每年由佛海（今勐海）输出樟脑，大约在五百驮至六百

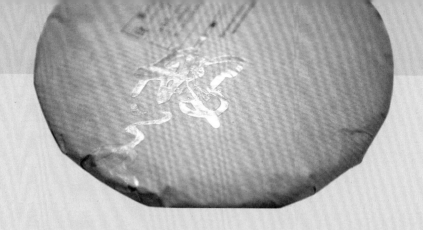

驮之间。"版纳尤其勐海盛产樟脑，与茶有何关系呢？庄晚芳先生在《中国名茶》一书中称："西双版纳的茶树，都是乔木类型的大叶种，茶树和樟树混合成林……有益的化学成分增加，茶叶品质优异。"茶树与樟树混生，也就成了西双版纳，尤其是勐海产普洱茶所含"青樟香、野樟香和淡樟香"的原始来源了。普洱茶性本强烈浓郁，得到了樟脑香的掺和，就显现出了一种高贵古朴、阳刚亮丽的茶性美。普洱茶的青樟香表现为清雅秀丽、青春活力，有年轻、自然、新鲜之美；野樟香则内蕴浓郁沉稳、香劲强烈，有成熟、丰硕、浓酽之美；而淡樟香非常清逸脱俗、香气娓娓，有道化、禅境、淡然之美。

以大叶种茶制茶，一般的概论是："制成青茶，滋味醇厚，后味甘长，清香可口；制成绿茶，汤清叶绿，香高味浓，味敛甘爽；制成红茶，汤色红艳，滋味浓强，鲜爽俱佳。"此中所说青茶即普洱茶。中国台湾茶文化学会会长、高级茶艺师范增平先生，在《普洱茶在台湾的传播与发展》一文中称，普洱茶近几年来在台湾地区迅速发展的原因有六个：

（1）与宗教情怀的发挥相结合。佛教的传播，学佛坐禅的兴起，信徒日众，修行定、静、安、虑、得者，为求心灵的平安，认为喝普洱茶有一定程度的帮助。道教、一贯道等宗教，也提倡静坐、修仙、求道，彼此的看法相似，主张清口、茹素，以便发扬慈悲心。茹素、修行的结果，身体表现清瘦、寒底，普洱茶性属温和，有暖胃作用，因此，出家人及修道者、茹素者都推崇普洱茶。

（2）练功健身的风气蔓延。近年来，由于经济发展，生活水平提高，在维护身体健康的要求下，练气功、打太极拳等风气盛行，这些练功健身者认为喝普洱茶较能补气，师徒相传，随风气的开展，普洱茶蔓延到社会上。

（3）文化艺术工作者的提倡。从事文化艺术的人认为喝普洱茶能表现一个人的潜沉和深度，对于孕育灵感，启发创意会有积极作用，作品表现得更成熟而有意境。因此，文化艺术界兴起喝普洱茶之风。

（4）减肥效果和药理作用的报道。报纸、杂志等各种大众传播媒体，经常报道喝普洱茶可以减肥，可以降低胆固醇，降低血脂，且有医学界人士实验报告佐证，引起消费者的兴趣，"有病治病，无病保健康"的想法，开发了不少普洱茶的新消费者。

（5）中国茶叶进出口公司的广告成功。中国茶叶进出口公司在国内外积极进行促销活动，支持各种茶人团体举办文化活动，无形中提升了饮茶人口和人们对茶文化的认识……自1988年以来，台湾地区赴大陆旅游探亲者已超过400万（编者注：此文形成于1992年底至1993年初）人次以上，每年平均达100万人次……（他们）或多或少接触到茶叶公司的对茶的宣传品，或亲朋好友馈赠的茶叶礼物，经过香港、澳门等有名的茶楼林立的地方，上茶楼吃茶点，也不是一件难事。这些人回到台湾，谈茶文化，品普洱茶，也是探亲回来的话题之一，无形中促进了普洱茶市场的发展。

（6）茶文化爱好者的鼓吹……如学界的邓时海教授、茶叶界的蔡荣章先生、汤龄娜小姐、周渝、倪子扬、方捷栋……新闻界的池宗宪、医界的苏正尧医师等，都是喜爱普洱茶。在各方人士影响下，普洱茶的发展正迈向各阶层。

范增平先生所列台湾地区普洱茶热的六个因素，应该说只是现象，未触及普洱茶品质与功能的本质。他在言及台湾地区普洱茶消费市场时说，销量最大的是"七子饼茶"，也未像邓时海先生那样从精神背景上去找人文依据。勐海茶厂原紧压茶车间主任曹振兴却对此有陈述："七子饼茶"之所以流行于中国香港、中国澳门、中国台湾及东南亚地区，除其品质优异外，人们还以"七子饼"象征团圆，寄托乡情乡音。特别是在中秋佳节，有的人家总要在月光下的餐桌上放一"七子饼"，那浓郁的团圆梦、思乡情，在天涯游子的心上，一样的"越陈越香"，一样的"味最酽"。

《中国名茶志》在"普洱茶"一节中，关于品质，作如此解读："普洱茶，香气高锐持久，带有云南大叶种特性的独特香型，滋味浓强富于刺激性（笔者注：此说法与台湾茶人及勐海茶厂老制茶人说法有异，他们均认为普洱茶性温，不及早期的"云南青"味猛烈），耐泡，虽经五六泡仍有香味，汤橙黄浓厚。"

据大量的采访和披阅相关文稿，笔者赞同勐海茶厂原党委副书记、一生从事茶叶技术工作的张文仲先生所言，从外形上看，优质普洱茶，呈猪肝色，红浓，有亮度；从味道上品，则醇厚，陈香。至于最优质的普洱茶，张文仲与邓时海在冥冥中达成共识：人工环节上不发酵的青茶，即生茶，经干仓后发酵形成。如此，普洱茶没"熟气"，也绝对不会产生霉变。一个是制茶人，一个是品茗大师，灵犀相通，可谓得了普洱茶的真谛。令人扼腕的是，他们的观点，在当今种种仿制"普洱茶"甚嚣尘上的经济时代，只能算是众语喧哗中的独语了。由于"熟茶"和"霉变"，陈年普洱茶品茗艺术，在时代交替中，在越陈越香不继之下，已经渐渐成为广陵绝响了。

据此，笔者走访了时任勐海茶厂厂长的阮殿蓉。阮厂长的态度是，勐海茶厂要不惜一切代价捍卫普洱茶的品牌形象，并决定设立"大益牌普洱茶干仓成品库"，传承"云南青"精髓，努力从工艺到存放的每一个细节，都注入源自唐宋的普洱茶遗风，再现真品普洱，传播普洱陈韵，为普洱茶文化的进一步深厚竭尽全力。

功 能

　　宋代诗人王禹偁曾写了一首赞美普洱茶的诗歌：

　　　　香于九畹芳兰气，
　　　　圆如三秋皓月轮。
　　　　爱惜不尝唯恐尽，
　　　　除将供养白头亲。

　　自己舍不得吃，因为普洱茶的香远胜于九畹之兰，且其形圆如三秋之月，美轮美奂而又让人乡情袅袅，如此人间绝品，产于天边茶国，手头无多，自己怎么能独享呢？只有家中的白发亲人才有资格品尝。

　　以茶中之茶敬献亲朋好友，这是茶文化的一个基本内容，算是茶礼。从这个角度看普洱茶的功能，极致者，莫过于作为贡茶。可为什么作为贡茶，明末学者方以智认为："普洱茶蒸之成团，最能化物。"清人赵学敏在《本草纲目拾遗》中亦称："味苦性刻，解油腻牛羊毒……苦涩，逐痰下气，刮肠通泄……消食化痰，清胃生津，功力尤大。"众所周知，清朝满族祖先本是中国东北地区的游猎民族，肉食为主，进入北京成为统治者后，更是养尊处优，饮食珍馐无所不及，自然就需要一种助消化功力卓著的茶品借以维持机体的正常代谢，于是普洱茶得以身价百倍。金易、沈义羚所著《宫女谈往录》一书中，记载了曾伺候慈禧太后日常生活八年之久的一个宫女的一段话："老太后进屋坐在条山炕的东边。敬茶的先敬上一杯普洱茶。老太后年事高了，正在冬季里，又刚吃完油腻，所以要喝普洱茶，图它又暖又能解油腻。"清人吴大勋在《滇南见闻录》中亦称："其茶能消食理气，去积滞，散风寒。"在藏区，也有"非车佛茶不过瘾"之说，意即非景洪、勐海之茶，不足以对抗自然及油腻。

《红楼梦》第六十三回中有这样一段文字：

　　……宝玉忙笑道："妈妈说的是，我每日都睡的早，妈妈每日进来，可都是我不知道的，已经睡了。今儿因吃了面怕停食，所以多顽一会子。"林之孝家的又向袭人等说："该焖些普洱茶喝。"袭人晴雯二人忙说："焖了一茶缸子女儿茶，已经喝过两碗了。大娘也尝一碗，都是现成的。"

　　以上说出了普洱茶除品茗之外的诸多功能，清宫盛行，民间必效。当然，此民间非西双版纳的民间，在西双版纳，无论是僾尼人[1]的土锅茶、蒸茶，傣族的竹筒香茶，还是布朗族的青竹茶、拉祜族的烤茶以及基诺族的凉拌茶等土风茶艺，都毫无例外地暗藏着治病养生的诸多功能。在这些茶艺基础上形成的集大成者的普洱茶，则更是在民间被人们广泛用于醒酒、解腻、逐痰、去寒、消食、驱腹胀等。《百草镜》所述："闷者有三：一风闭，二食闭，三火闭。唯风闭最险。凡不拘何闭，用茄梗伏月采，风干，房中焚之，内用普洱茶三钱煎服，少顷尽出……"在版纳民间，也曾流传着类似的古方。笔者采访曹振兴时他就曾说，以前他所存"云南青"共三块，现之所以只剩下一块，是因为另外两块都送了朋友。朋友患高血压，而陈年普洱茶正好可以治疗此疾。

　　近年来，国内外对普洱茶的生理、药理功能进行了更加深入的研究，普洱茶的功能也进一步得到了开发。昆明天然药物研究所国家级专家、教授梁明达和胡美英所著《普洱茶——21世纪的抗癌保健饮料》

---

　　1 僾尼人：现最新《云南省志》统一用"爱尼"。爱尼是哈尼族的一个支系，主要居住在云南的西双版纳和临近的四个国家。

一文中就列举了这样的事实："我国恶性肿瘤总死亡率远远低于欧美国家，云南省是我国恶性肿瘤死亡率较低的省份。思茅、临沧及西双版纳等又是我省恶性肿瘤死亡率较低的地州……为何思茅、普洱等地恶性肿瘤较少？虽然涉及因素很多，但不能不考虑到与这些地区的土壤、气候特点，以及由此而出产的特殊茶叶品种，以及广大人群长期饮用这种特殊的茶叶等因素有关。当地居民祖祖辈辈常年饮用这种茶，吸收了茶叶的化学成分进入体内，茶叶中的各种养料滋养了千百万人民……"当然，这不是假设和联想，文中又称："在普洱茶作用后，癌细胞由多边形浓缩变圆，伪足缩短量减少，失去贴附及游走的能力，甚至脱落浮起丢失，残留者亦变小变圆浓缩，核固缩，染色质凝结或消失，核及集内出现空泡，核仁固缩或碎裂消失，染色体孪缩或相互凝结。核糖体减少，线粒体及内质网扩张，DNA合成减少，核分裂停止……"

与此同时，昆明医学院临床试验证明云南普洱沱茶降低胆固醇的效果则与安妥明相似，且长期服用无副作用。

巴黎圣安东尼医学系临床教学主任爱米乐·卡罗比则通过实验证明，普洱茶对脂肪的代谢有意想不到的效果，且对降低人体所含三酸甘油脂、胆固醇、血尿酸等，有不同的疗效。

另外，人们因饮普洱茶能引起人的血管舒张、脑部血流量减少等生理效应，也以普洱茶防治老年人疾病和高血压与动脉硬化诸症。巴黎亨利伦多医院的贝纳尔·贾可托教授，在克雷泰伊的莫尔道医院就针对高血脂的病人进行了普洱茶饮用的临床观察。

普洱茶的药用功效，自古以来就被广泛利用。今天能在日本、韩国、德国、意大利、东南亚地区及中国台湾地区享有"美容茶""减肥茶""益寿茶""窈窕茶"和"瘦身茶"之誉，实在是除了解渴与品茗之外，最意外的收获了，而这也注定普洱茶将会有着更加辉煌的未来。

勐海——云南茶都

第二篇

天下云成片

云片连成块

我要让这大白雾

变成有颜色的草席

拿它铺在大地上

成为美丽的果园

……

天底下

不论植物动物

或草木的花果

或林中飞鸟走兽

或水里鱼虾螃螺

或土层里的铜铁

还是地皮的黑泥黄土

都伴随人类而生

也伴随人类而有

这是傣族创世史诗《巴塔麻嘎捧尚罗》韵文体版本中的两个段落。在我所接触过的民族民间史诗中,《巴塔麻嘎捧尚罗》和彝族民间史诗《铜鼓王》一样优秀,它的原创性、强劲的想象力和叙述过程中体现出来的语言穿透力,是当下文本中鲜见的。

我之所以阅读《巴塔麻嘎捧尚罗》,起因并非站在文学及人文的立场力图在其中寻找滋养,而是想在其间找到有关茶叶的记载。尽管我在阅读过程中曾迷醉于大神桑嘎西、美神桑嘎赛创造万物的创世场景,诸如:

"……这时桑嘎西／才开始种树……／有坚硬的栗树／有粗壮的芒果树／有标直的椿树／有皮厚的木棉树／有垂叶的波沙菜／有成蓬的竹子／也有矮低的花树……／这些大树小树／长成了原始森林／覆盖着罗宗补／以它们的叶根／以它们的花果／养活大地的生命。"

可我始终没有找到具体的、有关茶树的描述。

相反，在同是云南人民出版社出版的《布朗族民间故事》一书中，我找到了一则流传于勐海巴达乡一带的"茶叶的传说"。但由于这则传说所述的时间还晚于诸葛亮"五月渡泸，深入不毛"之时，所以它也就失去了引用的价值。1799年，檀萃在其所著之书《滇海虞衡志》中称："茶山有茶王树，较五山独大，本武侯遗种，至今夷民祀之。"这一句有可能也是源于民间传说的文字，把勐海种茶史界定在了225年，也就是1700多年前。可问题是，据东晋常璩《华阳国志·巴志》记载："周武王伐纣，实得巴蜀之师……鱼盐铜铁、丹漆茶蜜……皆纳贡之。"此中之"巴蜀之师"，据史家考证，乃是今云贵川三省的八个小族国人组成，其中的濮人，就是今勐海布朗族的祖先；而其中的"茶"，方国瑜先生曾考证过就是今天的"茶"，也就是说，在商周时代，勐海就产茶，史料及史诗中理应有更多的记载。

《巴塔麻嘎捧尚罗》作为傣族世代口传神话史诗，其间难免有遗漏增补，却未将茶叶引入，不能不说是一种遗憾，但其中所述自然场景，诸如"天下云成片"，却是产茶的必要条件。商周时代巴蜀之师以茶作贡，也没有具体到勐海产茶，但这一切并不影响勐海成为云南茶叶的一个重要源头。至少，一些普洱茶研究专家把225年农历七月二十三日诸葛亮南征，传说在勐海南糯山植茶，视作了普洱茶史话的开篇。

在勐海，傣族、拉祜族及哈尼族僾尼人，把南糯山又称为"孔明山"，把诸葛孔明奉为茶祖。傣族人每年过傣历年，还要放孔明灯，以示祭奠。如果说这种世世代代承传下来的节祭，仅仅生发于传说，那绝对是说不过去的。所幸的是，勐海南糯山留存了八百多年前的栽培型"茶王树"，巴达乡有着与诸葛亮南征同期就开始生长的野生"茶王树"，这无一不证明"武侯遗种"绝不仅仅是传说。如果是传说，其间真伪也只局限于诸葛亮是否种过茶树，而其时其地已有种茶史则毋庸置疑。

距诸葛亮南征637年后的咸通三年（公元862年），樊绰出使南诏，著《蛮书》，其间有语："茶，出银生城界诸山。"对"银生城"的考据，一些专家都囿于后来普洱置府治、思茅设厅治的史实，而带了较大的想象成分，把"银生城"定于"思茅及周边地区"。20世纪50年代中期就开始在云南大学讲授云南民族史课程，并在之后几年间潜心研究云南民族史的著名历史学教授尤中先生，则在其1994年出版的《云南民族史》一书中阐述了这样的观点：南诏阁罗凤征服各地区的傣族之后，便仿效唐朝兵制设置了永昌、镇西（丽水）、开南、银生城等节度（或称"道"）来对各地分别进行军事管制。而"银生城"即设置于《南诏德化碑》所言的"墨觜（嘴）之乡"，"银生城"又称"茫乃道"。"茫乃道"就是茫乃节度，也就是银生节度。今西双版纳过去称"勐泐"，"勐泐"乃是"茫乃"的同音异写。所以说"银生城"作为银生节度驻地，当在西双版纳。

作为例证，《南诏德化碑》中的职官题名有"赵龙细利"者。尤中教授据《清一统志》所言："整董井，在府南二百五十里。蒙诏时，夷目叭细里，佩剑游览，忽遇是井，水甚洁。细里以剑测水。数日，视其剑化为银。后土官袭职，务求是水沐浴，得者皆敬服焉。"这一南诏时就流传下来的故事称，整董井，即在今景洪县东北角与勐腊县北部连接的景董一带。至于其间所说的"叭细里"，也可以写作"叭细利"，傣族中的地方头目称叭，王子则称召。细利其人，当其充当头目时称叭细利，一旦成了大王，便称召龙细利。直到解放初期，勐腊土司尚有召龙细利者。叭细利最初只是傣族中的一个头目，后南诏阁罗凤在"墨觜（嘴）之乡"建城设银生节度时，便以叭细利充当银生节度使，于是叭细利也就改名召龙细利（赵龙细利）了。

尤中教授从民族史的角度，证明了"银生节度"是军管傣族的政权，而"银生城"则在西双版纳，这对理解"茶，出银生城诸山"提供了最有力的证据。

在此，值得一提的是，樊绰出使南诏之时，亦正是银生节度使召龙细利统领今西双版纳之时，其言的可信度当不是问题。

传说诸葛植茶与樊绰在几百年后的见证，都只说明了一点，西双版纳乃是古代云南的茶国。

二

西双版纳产茶，旧时分江北江南，澜沧江之北以易武为中心，之南则以勐海为中心。江北六大茶山攸乐、革登、倚邦、莽枝、蛮砖和曼撒，分散于今景洪和勐腊两县（市），江南六大茶山南糯、佛海、勐来、南峤、巴达和景迈，除景迈今属思茅地区澜沧县所辖外，其余五茶山均为勐海所括。

无论野史还是正史，在清代以前，都言版纳之茶，普洱集散。但随着时光流逝，交通业日益发达，至民国年间，在茶叶贸易方面，勐海已取代了普洱。不仅如此，在版纳，以勐海为中心的江南茶区，也逐步超越了以易武为中心的江北茶区。李拂一先生所著《十二版纳志》载："十二版纳茶叶产量，根据历史之记载，已大不如昔，而江内（北）江外（南），互有消长。据18世纪末叶檀萃所著之《滇海虞衡志》所载，以江内之六大茶山产量为最多。虽无确实数字报道，但以其所载：'入山作茶者数十万人'一语衡之，其产量绝非少数。观由易武、倚邦通至思茅、普洱和凡五百余里之运茶石板大道，不难想见当时茶运之频繁，民间财富及人力之充沛。据故老口碑，清道光、同治间，易武区产额为七万担，倚邦区产额为二万担，年共产九万担。杜文秀起义后，产量锐减，光绪二十年间，易武区产额，减为二万担，倚邦区产额，减为四千担，年共产二万四千担。宣统间，易武、倚邦两区，年共产一万三千担，民国七、八年……减至六千七百担……"而此时，江南茶区产量却逐年上升，"若再觅得市场，则十万担之产量，不难达到也。"

如果说，西双版纳境内，江北茶区特别是易武、倚邦的没落，以杜文秀起义为分水岭，那么，普洱茶叶贸易中心地位的丧失，则有两方面的原因：①勐海茶庄自清光绪末年（公元 1908 年）左右始，由恒春茶庄开先河，逐步壮大为二十多家茶庄制茶大军，导致散茶不再运往思茅，至 1938 年，佛海茶厂和南糯山茶厂兴办，销路自控，普洱作为成品茶加工基地的角色减弱了；②支撑起普洱茶市的是那来自四方的马帮队伍，可随着 1930 年 12 月西藏马队直接入佛海以及佛海至安南、暹罗、缅甸及南洋茶路的打通，普洱连"集散"的功能都进一步丧失了，这也才有《续云南通志长编》："普洱不仅不产茶，而且非茶叶集散地"之说。

但世事俱往，记忆杂陈，谁是谁非，殊难判断。1939 年在昆明出版的《教育与科学杂志》上曾发表了李拂一先生的《佛海茶业概况》一文。1989 年 12 月 31 日，年事已高达 90 岁的李拂一先生又应勐海刘献廷先生之邀作《佛海茶业与边贸》一文。在笔者看来，《佛海茶业概况》是勐海茶业兴旺的原始见证，不妨择录于后：

佛海茶业概况（节选）

◎ 李拂一

一、绪论

普洱茶叶，驰名天下。其实现今之普洱并不产茶。或谓十二版纳各产茶区域，在过去曾隶属普洱，以是得名。而普洱府志载，距今百数十年前，十二版纳出产茶叶，概集中普洱制造，同时普洱又为普思沿边一带茶叶之集散地。后制造逐渐南移，接近茶山。由普洱而思茅，而倚邦、易武。今则大部集中佛海制造矣。"普洱茶"一名之由来，当以开始集中普洱制造，以普洱为集散地得来为近似。

十二版纳，原包括思茅、六顺、镇越、车里、佛海、南峤、宁江、江城之一部及割归法属之猛乌、乌得两土司地。至近今所谓之十二版纳，则以前普思沿边行政区域为范围，即车里、南峤、佛海、宁江、六顺、镇越等县区及思茅之南部，江城之西部。其猛乌、乌得两土司地，早已不包括在今之十二版纳之领域内矣。

澜沧江自北而南微东，斜分十二版纳为江内、江外两个区域。东为江内，西为江外。六顺、镇越两县及江城之西、思茅之南属江内。车里（一部分在江内，今景洪）、佛海、南峤等县及宁江设治区属江外。一般人大部以江内产，即镇越、思茅县属之易武、倚邦、革登、莽芝、蛮砖、架布、漫腊（这些茶区今皆属西双版纳）及车里属之攸乐山（位

于江内）一带所产者为"山茶"，江外产为坝茶，按"坝"为摆夷语，
其义为原野。其实车佛南各县之茶叶，并不产生于原野，而繁殖于海
拔四千尺以上之山地，或四千尺上下高原附近之丘陵。车里盆地海拔
较低，约一千八百尺。而茶树之散布，则高在四千尺以上之勐宋（今勐
海的一个乡），五六千尺之南糯山及攸乐山。"坝茶"一名，似为不伦。

　　佛海产茶数量，在近今十二版纳各县区，为数最多，堪首屈一指。
同时东有车里供给，西有南峤供给，北有宁江供给。自制造厂商纷纷
移佛海设厂，加以输出便利关系，于是佛海一地，俨然成为十二版纳
之茶业中心。素以出产普洱茶叶著名的六大茶山，以越南关税壁垒之
森严及运输上种种之不便，反瞠乎后矣。

　　兹以佛海为本文叙述范围，旁及车里、南峤及宁江设治区域。多
年来搜罗之记录皆远寄他方，旅途匆匆，尽一日之力，就记忆所及者
为之。挂一漏万，知所不免也。

二、产区及产量

佛海、车里、南峤及宁江等县区，凡海拔四千尺左右之山地，或原野附近之小丘陵，皆滋生茶树。尤以佛海一县之产区最广。佛海共分四区，区各一土司，曰勐海土司、勐混土司、勐板土司及打洛土司。

勐海土司所属各村落，即郢勐海（佛海县治所在）、曼兴、曼海、曼贺、曼谢、曼买、曼丹、南里、曼扫、曼真、曼夏、曼耷、曼喷弄、曼拉闷、曼赛、曼斐、曼董、曼旮、曼丁景、曼鲁、曼蛮嶝、曼降、曼恋、曼录、曼法、曼崃、曼磊、曼蚌、亚康、曼舀、曼满、曼崀、曼泐、曼祆、曼榜、曼两、弄罕、曼先、曼中、葩宫贺南、大小呼拉、贺岵六村、葩珍五村、葩盆黑龙塘、上下水河寨等六十余村。海拔由三千九百五十尺至六千尺不等，村村寨寨，无处不茶，只不过产量有多有少而已。

勐混土司区与勐海区，地理环境约略不同，产茶范围，亦颇广阔。勐板、打洛两区海拔较低，面积不大，产茶范围，限于少数高地带。兼之距离市场（勐海）太远，不便集中。勐板因人户稀少，野生茶树，大都任其飘零满山，无人采摘也。

车里产茶区，分布江内外。江内以攸乐山为中心，江外以南糯山及勐宋（两地现今都属勐海）为中心，车里之三大产茶区也。曼累、勐笼、落水洞及其他各地次之。

南峤（现属勐海，现勐海包括当时佛海、南峤、宁江等县，原属车里的勐宋、南糯山等地现均归勐海）产茶区，遍布于景真、勐翁、景鲁、曼迈兑、西定、勐满、旧笋各自治区域。

……

三、品质

就易武、倚邦方面茶商说来，则佛海一带所产之茶为"坝茶"，品质远不如易武、倚邦一带之优良，然易武乾利贞等茶庄，固尝一再到江外采购南糯山一带所产者羼入制造。而佛海一带，每年亦有三五千担之散茶运往思茅，经思茅茶商再制为"圆茶"（又称七子圆）、"紧茶"分销昆明及古宗商人。制者不易辨，恐饮用者亦不能辨别谁是"山茶"，谁为"坝茶"也。

就个人所知：江内外茶叶，除极少数外，似为同一品种。且各产茶区之地理环境，亦大致相同。不过易武方面，茶农对茶园知施肥、壅根、除草、剪枝等工作，而佛海一带则无之耳。

民国二十三四年间，著者尝以佛海附近所产茶叶，制为"红茶"寄请汉口兴商砖茶公司黄诰芸君代为化验，通函研究。据复函认为品质优良，气味醇厚。而西藏同胞且认为和酥油加盐饮用，足以御严寒、壮精神，由幼而老，不可一日或缺。虽由于嗜好习惯之各不相同，而佛海一带茶叶品质之不坏，可得一旁证。

四、制法及包装

佛海茶叶制茶，计分初制、再制两次手续。土民及茶农将茶叶采下，入釜炒使凋萎，取出于竹席上反复搓揉成条，晒干或晾干即得，是为初制茶。或零星担入市场售卖，或分别品质装入竹篮。入篮须得湿以少许水分，以防齑脆。竹篮四周，范以大竹箬（俗称饭笋叶）。一人立篮外，逐次加茶，以拳或棒捣压使其尽之紧密，是为"筑茶"，然后分口堆存，任其发酵，任其蒸发自行干燥。所以遵绿茶方法制造之普洱茶叶，其结果反变为不规则发酵之暗褐色红茶矣。此项初制之茶叶，通称曰"散茶"。

制造商收集"散茶"，分别品质，再加工制为圆茶、砖茶及紧茶。另行包装一过，然后输送出口，是为再制造。兹分述于下：

（一）圆茶。圆茶大抵以上好茶叶为之。以黑条作底曰"底茶"；以春尖包于黑条之外曰"梭边"；以少数花尖盖于底及面，盖于底部下陷之处者曰"窝尖"，盖于正面者曰"抓尖"。按一定之部位，同时装入小铜甑中，就蒸汽受蒸之使柔，倾入特制之三角形布袋约略揉之，将口袋紧结于底部中心，然后以特制之庄茶石鼓，压成四周薄而中央厚，径约七八寸之圆形茶饼，是即为圆茶。不熟练之技师，往往将底茶揉在表面，而将春尖及谷花尖反揉入茶饼中心，失去卖样。普洱茶叶揉茶技师之最高技术，即在于此。如底面一律，则此项揉茶技师，则失其专门家之尊严矣。每七圆以糯笋叶包作一团曰"筒"，七子圆之名此。每篮装十二筒，南洋呼为一打装；两篮为一担，约共重旧衡一百二十斤。此项圆茶每年销售暹罗者约二百担，销售于缅甸者约八百担至一千五百担。

（二）砖茶。砖茶原料以黑条为主，底及面间有盖以"春尖"或"谷花尖"者，按一定秩序，入铜甑蒸之使柔，然后倾入砖形模型，压之使紧，是为"砖茶"。每四块包作一团，包时块中心尚需贴一小张金箔，先用红黄两色纸包裹，外面加包糯笋叶一层，再装入竹篮即成。竹篮内周须衬以饭笋叶，每篮十六色，每担计两篮共重一千一百余斤。专销西藏，少数销至不丹、尼泊尔一带。年约可销二百担至三百担。此外尚有一种小块四方茶砖，仅洪记一家制造，装法包装，大体与砖茶相同，只不须贴金，年约销四五十担。

（三）紧茶。紧茶以粗茶包在中心曰"底茶"；二水茶包于底茶之外曰"二盖"；黑条者再包于二盖之外曰"高品"。如制圆茶一般，将各色品质，按一定之层次同时装入一小铜甑中蒸之，俟其柔软，倾入紧茶布袋，由袋口逐渐收紧，同时就坐凳边沿照同一之方向轮转而紧揉之，使成一心脏形茶团，是为"紧茶"。"底茶"叶大质粗，须剁为碎片；"高品"须先一日湿以相当之水分曰"潮茶"，经过一夜，于是再行发酵，成团之后，因水分尚多，又发酵一次，是为第三次之发酵，数日之后，表里皆发生一种黄霉。藏人自言黄霉之茶最佳。天下之事，往往不可一概而论的：印度茶业总会，曾多方仿制，皆不成功，未获藏人之欢迎，这或者即是"紧茶"之所以为"紧茶"之唯一秘诀也。紧茶每七个以糯笋叶包作一包，曰一"筒"。十八筒装一篮，两篮为一"满担"，又叫一驮，净重约旧衡一百一十斤，专销西藏，少数销于尼泊尔、不丹、锡金一带，年可销一万六千担。

其经由思茅或思茅茶商制卖给藏人古宗者，每篮只装十五筒，两篮为一担曰"平担"。竹篮内周亦须衬以饭笋叶，篮口并须以藤片绊牢，与"圆茶""砖茶"之装法相同，只篮形或长或方，或大或小，稍有不同耳。竹篮竹叶、藤片扎篾（即竹丝）等包装费用，每担约半开滇币五六角。其取道缅甸即转运西藏之"紧茶"，于运抵仰光后，须再加麻包，并打明标记牌号，方能交船运，即每包约费工料卢比五安那至六安那。亦有在中途如景栋或瑞仰即须加缝麻包者，在景栋加麻包之费用较大，然损失则鲜。至运达加嶙崩（Kalimporg）之后，尚需再用兽皮（牛羊皮之类）加包，方可运入西藏。包装费用，高出生产费数倍，真是"豆腐盘成肉价钱"矣！

五、运输及运费

由佛海出口之"紧茶"，除少数销售于不丹、锡金及尼泊尔一带外，大多数皆运入西藏方面销售。并非完全外销，不过国内无路可走（由思茅经下关、大理、阿墩子入藏，须三四个月之马程，方抵拉萨，由佛海经缅即至拉萨不过三四十日），不得不支出大量之买路金（每年三十余万卢比之巨），而假道于外耳。在八九年前，缅属孟艮土司境内，尚未通行汽车时，佛海每年出口茶叶，概须取道澜沧江之孟连土司出缅。西北直运至缅属北掸部中心之锡箔（Hsipaw）上火车，由锡箔西南运经瓦城，再直南经大市（Thazi）而达仰光。由仰光再换船三日或四日至东即加尔各答上岸。由加尔各答再上火车，北运至西哩古里。由西哩古里用牛车或汽车运抵加嶙崩。至此又须改用骡马驮运入藏。由佛海至锡箔一段马程，最少须十八日方可到达。锡箔至仰光须三至五天。到达加嶙崩最速须一月之期。此为过去佛海销藏茶叶之唯一出路。嗣后缅东公路修至公信（又作贵兴），佛海茶叶出口，遂有一部分舍西北锡箔路线而取道西南孟艮路线者。由佛海西南行经孟艮，再西行经打埻而至公信，马程仅十四日。由公信交汽车运达瑞仰或海和，然后换火车再西行至大市。由大市直向至仰光，至少可减少四五日之行程。由佛海至孟艮（景栋）一段马站，为期仅六日，最迟亦不过一周。由孟艮两日之汽车可至瑞仰。再一日直快火车即可到达仰光。较诸西北锡箔路线，减少一半以上之行程，所以迄今已不再有取道锡箔之一途者矣。

由佛海至孟艮（即景栋）之骡马运费，每驮即一担，约卢比三盾半至三盾四分三；景栋至瑞仰汽车费约六盾半；瑞仰至仰光火车费约三盾四分一至三盾半；仰光至加尔各答船费约三盾半至三盾又八分之七不等。总计每担（即两篮）茶叶，由佛海至加尔各答转运费最高额约需卢比十七盾又八分之五之数，如需运至加嶙崩，则每担尚须加火车汽车费三盾至四盾余也。此外如景栋、瑞仰、仰光等处之办事费，皆未计算在内也。

六、茶叶价格

佛海一带茶叶产量，在云南境内，为数最多，而价值最廉。民国

72

十六年前，制"紧茶"用之三塔货散茶（即黑条三成，二水及粗茶七成），曾一度跌至每担（旧衡一百斤）半开滇币四元。近两三年来，因运销活跃，较过去颇呈现高涨之势。然最高纪录，亦尚未超过十四元也。兹将最近三年来生叶各色初制散茶及再制茶之价格，列表于后，以资对比。

七、出口数量及税捐负担

每年由佛海出口茶叶原包括圆茶、砖茶、紧茶及散茶等数种。销地遍暹罗、缅甸、印度、尼泊尔、不丹、锡金及中国西藏等各地。内

生茶叶、初制茶叶及再制茶价格表

茶叶名称		1936年		1937年		1938年		附　记
类别	茶名	最高	最低	最高	最低	最高	最低	以十六两旧衡计数，单位：半开银圆
生叶	春尖	5	4	5	4	6	4	生叶无标准行市
	春尖	3	2	3	2	4	3	
初制茶及散茶	春尖	25	12	25	12	25	15	清明前后十天
	黑条	13	8	13	8	15	11	四月中旬至五月中旬
	二水条	10	6	10	7	12	10	五六月
	粗茶	8	4	8	6	10	8	七八九月
	谷花茶	25	12	25	12	25	15	九月或十月
再制茶	圆茶	25	18	25	20			本年圆紧砖茶尚未开市
	砖茶	25	18	25	20			
	紧茶	25	15	25	15			

上表所列价格，概照佛海市计算。

中以"紧茶"为大宗，以西藏之销量为最大。所言茶者必称"紧茶"，而言销路者必盛道西藏也。在十年之前，每年尚不过出口数百担或千余担，制造亦不过一二家，近则销数年达一万六千担以上而制造商至十数家矣。若能改良制造，注意壅培，则销数及产量，当大有扩展之希望。兹将最近三年中各茶庄运销出口约数列一表如下（单位：担）：

茶庄名称	历年运销出口数			附记
	1935年	1936年	1937年	
洪记	4 000	6 000	5 700	专制紧茶，兼则少数小块四方茶砖
可以兴	1 500	2 000	2 000	紧茶、圆茶、砖茶皆有制造
恒盛公	1 500	1 700	1 500	专制紧茶
垦民合作社	800	1 900	无	资金为土司代表挪用倒闭，现并入新民茶庄
云生祥	800	900	900	制造紧茶及圆茶
恒春	200	无	无	自1936年起归并普信茶庄
普信	无	800	800	制造紧茶及圆茶
时利和	400	500	300	同上
复兴	200	400	400	制造紧茶、圆茶及砖茶
来复	300	300	无	厂主死亡停业
利利	无	500	800	制造紧茶及圆茶
富源	无	600	800	同上
悦和	无	500	800	同上
新民	无	无	1 800	同上
其他	300	400	400	零星散茶出口不止一家，有华侨茶庄约吃去二百担，不在此例
合计	10 000	16 500	16 200	

上表数据仅就记忆所及，错误之处当甚多，容他日更正。今年新成立之大同茶庄约五百担，未计在内。

茶叶税捐，向仅厘金一项，每年旧滇币约一元二角，嗣后滇币跃价，改为四元五角。裁厘后设茶消费税，改旧票为半开银圆。前年减为三元，去年起加为三元三角。此外尚有地方杂捐数种，约共四角至五角。

缅甸方面，因滇茶条约关系，凡经由陆路至缅甸之货，皆不纳税。缅甸为印度帝国之一省，由缅至印，等于内地输运，所以佛海茶叶在印缅境内输运或买卖，皆无须缴纳税捐。加以生产异常低廉，遂得运越邻国，倾销入藏。印度西藏一带边界，皆盛产茶叶，仅一山之隔，然卒不能向藏进行印茶之贸易，虽品质及制法相差，或与藏人口味有所扦格，而生产费过高，为一般藏人购买力所不及，或乃一主要原因。印度茶业总会对佛海茶之能远销入藏，颇生嫉视，尝怂恿印度政府构筑关税壁垒，以为对策，以格于滇缅条约，暂时尚不果行。上年印度茶业总会，以大宗款项，将印度红茶仿制为"紧""砖"茶，于大吉岭、加嶙崩一带，广劝藏人试饮。虽无若何成效，然以其处心积虑之情形视之，佛海藏销茶叶，将来总不免受到相当之影响，兼之印缅已于上年四月一日起实行分治，此后滇缅条约，当失其连带性作用。闻印缅关税，定三年期实行，今满期不远，前途殊不能乐观也。

八、结论

佛海一带所产茶叶，品质优良，气味浓厚，而制法最称窳败，不规则之多次发酵，仅就色泽一项而论，由绿而红以至暗褐，印度之仿制无成，或以此耶。

近年来南洋一带人士之饮料，大多数已渐易咖啡而为红茶，消费数量，虽未有精确之统计，然以其人口之众及饮用范围之普遍而推测之，当不在少数。遍南洋售品，大部为印度、锡兰所产，唯是价值高昂。在印缅方面，每磅平均售价在半盾以上，似非一般普通大众之购买力所能及。佛海茶叶底价低廉，若制为红茶，连包装运费在内，估计每磅当不超过四分之一盾之价格，亦即印、锡红茶售价之半。即仅就南洋一带而论，当又获得新畅销。若再能运销欧美，则前途之发展，尤为不可限量。此应以一部分改制红茶，广开销路，在印度尚未对佛海茶高筑关税壁垒以前，作未雨绸缪之准备，此其一。

南洋侨胞以闽、粤两省籍人为数最多。粤人中除广肇方面人士习用旧制普茶之外，其潮梅一带及闽籍侨胞，皆酷嗜绿茶，日唯以茶为事者，颇不乏人。向销闽茶，自台湾崛起，闽茶销路大不如前。七七战起，抵制仇货之运动，凡我华人足迹所至，如火如荼，有声有色，南洋侨胞，进行尤为激烈；暹罗方面，有时发现暗杀贩卖仇货同胞之事件，以是台茶销路遂绝于华侨之社会。同时战区日渐广泛，闽皖浙等省茶叶，运出维艰，本年春，已有一二暹侨到佛海成立华侨茶庄，仿制绿茶，专销暹罗，成绩尚佳，颇得暹罗侨社之欢迎，惜其资金过微，无法扩充。此应以部分精制绿茶，趁此时期恢复华茶原有地位，与红茶双管齐下，开辟新的销路，此其二。

前已言之，佛海茶农，对于茶园，尚无施肥、除草等整理工作，虽或由于土民之无知，而茶价过低，使其无改进之兴趣及可能。迄今尚有不少荒废茶山，无人采摘，可为佐证。此应于创制红绿茶之时，予以提高底价之机会，务使其有改进之兴趣及能力。原采茶园，可望增加产量，荒废茶山，可以大量开发。同时似应由政府或人民团体，设一茶业机关，以资领导，并按科学方法开辟新式茶园，重新种植，以示模范。同时就地创设茶业实习学校，以造就当地新法制茶专才，此其三。

佛海茶商，勿论现有资金之多寡，总不免有捉襟见肘之现象，藏销茶叶，以运费高于成本数倍，不得不赖于印度商人借贷周转者甚多，无论直接或间接售予藏人，皆不免受到印商中间之操纵。生产者及制造厂商所得之利润皆极微，而消费之支出则浩大，中间被夺于印商者年不下十数万卢比之巨，此应由政府金融机关在印缅办理押汇，以避免印商之操纵，生产制造消费各方面皆得其便利。此外并须兼办茶农小贷款，俾佛海茶业前途，有充分之希望矣。

就勐海茶业，后李拂一先生又著有《佛海茶业与边贸》一文，其中有语："佛海之茶业，并不是由思茅茶商移来，完全是在佛商人在佛海自行摸索发展起来的。思茅茶商，一向认为九龙江外，即车佛南一带之烟瘴异常恶劣，中人必死，无敢冒生命危险而来开发者。"再据拂一先生《佛海茶业概况》中的三个结论性建议，更可看出勐海茶业乃是一种"天赐"的自然生存状态：天赐优异的自然环境，天赐优良的茶树，天赐原生的制茶工艺，并最终形成了天赐的茶品和茶市。勐海的原生茶业犹如天边的一簇圣火，越烧越旺之后，方才有外人介入，也方才令世人都无法将其删改。天赐，更显其底蕴深厚。

《佛海茶业概况》一文形成于 1939 年，作为当时的省参议员、"国大代表"、著名学者，李拂一先生的两文生动再现了当时茶叶制造业由普洱南移勐海的商业气象，以及勐海边贸的诸多形态。这无疑为勐海成为"云南茶都"提供了切实的资料证据。另据刘献廷先生《佛海茶庄发展史略》载：

1938 年勐海茶叶产量已高达 4.3 万担，据此而由石屏商人张堂阶办恒春茶庄为始，茶庄也已发展到二十多家，其中洪盛祥、恒盛公、可以兴、大同、复兴、利利、新民、鼎兴、云生祥和时利和等茶庄尤显著名。由于所制茶叶质量高，价格又低于思普，且又能取道景栋、仰光、加尔各答而销往西藏，直接促进了勐海茶业的空前繁荣。其间作为分界点的事件是：1930 年 12 月，丽江、中甸、维西等地的藏族茶商，认为思茅茶叶制品成本过高，骡马千匹亲至勐海购运。勐海茶商亦以此为千载难逢的商机，对藏族茶商予以热情接待，将正准备外运的紧茶八百担廉价售给藏商，促使藏商又预购春茶七百担……1938 年，随着当时云南省财政厅和中国茶叶公司在勐海设厂制茶，勐海的茶叶制造业达到了巅峰。1940 年，勐海年产成品茶之紧茶达到 3.5 万担，圆茶达到 7000 担……

茶业兴旺，也带动了勐海商业、交通、金融和邮政事业的发展。时云南省经济委员会于勐海设立服务社，从上海、仰光等地调入大批生产生活用品，于勐海集散；勐海至打洛滇缅交界35号界碑公路修通，并成了一条沟通东南亚的商业大动脉；兴文银行和富滇银行纷纷入驻勐海；勐海邮寄代办所更替为三等邮局，实现与缅甸通邮，成为国际交换局……

据李崇云先生《象山镇集贸市场的演变》一文介绍，第二次世界大战期间，在勐海还聚集了大批的缅甸商人及旅居缅甸和泰国的华侨，他们以经商为主，形成了"华侨街"。整个勐海货铺林立，上市货品琳琅满目，商贾行客来来往往，俨然成为当时西双版纳的商业中心，人们称之为"小昆明"。

或许正是因为这"茶都"和"小昆明"的形象和地位，1951年2月，中央民族访问团到西双版纳酝酿和讨论实行西双版纳民族区域自治的意义、条件、政策和具体内容，会议地点就选在勐海。而1964年8月，全国碎红茶会议召开，地点仍选择了勐海。

而今日散落于世界各地的普洱极品陈茶，据邓时海先生搜罗，竟有11个品种出自勐海，据此，更可见当年勐海茶业之鼎盛气象。

从李拂一先生《佛海茶业概况》一文中，我们还可读出这样的事实："'高品'须先一日湿以相当之水分曰'潮茶'，经过一夜，于是再行发酵，成团之后，因水分尚多，又发酵一次，是为第三次之发酵，数日之后，表里皆发生一种黄霉。藏人自言黄霉之茶最佳……"据此，有关普洱茶人工缩短发酵周期的技术出现于20世纪70年代之说，实在是对历史的一种否定，此技术在勐海早已有之，无非是因时间的断裂而没有更加有序地承传罢了。

三

　　2000 年 4 月，为了认知普洱茶，我第二次踏上了勐海的土地。飞机先是降落在景洪，由于之前昆明气温较低，我尚未脱去厚厚的外套，所以，当我走下飞机的舷梯，迎面袭来的热浪几乎令我窒息。4 月的景洪，已经是一片滚沸的热海了。

　　乘车前往勐海，随着景洪与勐海间的距离一寸一寸地缩短，热浪也一丝一缕般地被抽掉了，我在景洪时仓促脱去的外衣，也不得不再度穿上。在地理学领域，人们总是用"西隆东坳"四个字来概括西双版纳的地势。由于西双版纳地处怒江、澜沧江和金沙江褶皱系的末端，并夹在怒江和金沙江深断裂带之间，且几亿年来，这一带的地质活动频繁，导致了澜沧江从中穿越的西双版纳断裂带东西两侧经历了迥然相异的地质历史发展过程，形成了西部的勐海"隆起"、中部的景洪"断裂"和东部的勐腊"坳陷"三位一体的地质构造格局。

　　也就是说，由于地质变化，勐海成了西双版纳热带雨林气候中的异数，成了一片骤然崛起的热带高原。它海拔最高之处，即勐宋乡境内的滑竹梁子达到了 2 429 米，而最低海拔即布朗乡的南桔河与南览河交汇处，只有 535 米。同时，气候学家对勐海，尤其是县治所在地象山镇的气温，与昆明的气温进行对比和分析，诸如昆明一年中的 12 月、1 月和 2 月的平均气温低于 10 ℃，而勐海一年中的 12 个月的平均气温是 12.5 ℃，并且没有冬天，其 1 月 30 天的平均气温为 11.8 ℃，2 月为 13.6 ℃，是一个比昆明更应享受"春城"之称的春天之城。

　　也许正是因为勐海在西双版纳的特殊地理因素，这地方才被称为"勐海"。"勐海"系傣语地名，"勐"指"地方"，"海"指"厉害、勇敢"，整体意思即"勇敢者居住的地方"；同时，也导致勐海与其他滇南、滇西南县份相比，显示出了一种风格相异的特征。

勐海县城所在地象山镇，作为一座边城，它缺少充分的异域氛围，反而犹如一座孤悬远方的汉文化之邦，尽管我们可以看到傣历年时吉庆祥和而又色彩缤纷的傣家风情，但是我们也可以感受到汉文化强劲的底蕴，从建筑特征、生活习俗、人文环境等角度去看，无一不是这样。普洱茶作为中国现存各种茶品中唯一继承了唐宋遗韵的茶种，犹如丽江的纳西古乐一样仍保留着唐宋宫廷音乐的精髓。群山里的王国，它在时光的变幻中，静悄悄地把千年之前的文明存留了下来。而在现代史上，我们又可以发现这样一个现象：掀起勐海茶业制销高潮的精英们，几乎都来自异地。开一代茶业先河的恒春茶庄老板张堂阶，来自石屏；洪记茶庄的老板董耀廷，来自侨乡腾冲；可以兴茶庄曾吸引了当时的政界要人陈诚、于右任、卢汉等人的目光，其老板周文卿来自玉溪；恒盛公茶庄老板张静波，来自鹤庆；鼎兴茶庄的老板之一马鼎臣来自蒙自；福景公司的老板傅孟康和湘记茶庄的老板刘献臣，则来自湖北和湖南；公亮酒房茶庄的老板蔡永秀来自广东；广利茶庄的老板之一苏过来自江苏；中茶公司所办的佛海茶厂厂长范和钧，曾留学法国，是江苏人；南糯山思普茶厂厂长白孟愚来自个旧，曾就读于云南省政法学校，因笃信伊斯兰教，曾两次到麦加朝觐……

正是这一批人的到来，使勐海在西双版纳向东南亚沟通的
枢纽地位上得以更具包容性和立体性，并使勐海虽
地处边陲却能坦然应对世事变化并领时
代之先。据《勐海县志》载：
"勐海学校教育始
于 民

国初年，初于佛海设初等小学一所，此后推行边地教育，先后开办了一批'保国民小学'。民国24年（1935年）后，在佛海、南峤、宁江开办省立小学和在佛海开办省立简易师范学校，至民国30年（1941年），共有小学16所……"这样的教学规模，于中原内地，或无渲染必要，可在边地，却是鲜有县治可比的奇迹。

昔日勐海能有此人文景观，与茶业的兴旺发展密不可分。

1951年8月，云南省在勐海设"云南省茶叶科学研究所"的前身——"云南省农业厅佛海茶叶试验场"，从某种意义上讲，更是确立了勐海作为云南茶叶生产的中心地位。1965年，由茶科所创办的茶叶学校，曾面向全省招生，为云南培养了一大批中等茶叶技术人员。1984年，省茶科所、勐海茶叶局和勐海茶厂又在勐海县第四中学开办茶叶职业培训I班，培养出了一批目前仍活跃于勐海茶业战线上的骨干分子。

……

进入勐海，我进入了一个茶叶的王国。

李拂一先生曾说，旧时十二版纳产茶，江内以易武为中心，江外则是以勐海为中心。可到了1998年，勐海产茶达到6909吨，名列全省20个产茶大县之首，而易武所在的勐腊县产茶只有1371吨，排在了20个产茶大县的倒数第一。得"普洱茶"之名的普洱则榜上无名，整个思茅地区，产茶最多的是与勐海毗邻的澜沧，也只有勐海产量的一半左右，思茅则不足一半。

1999 年，勐海产茶又是云南第一。

还有一个现象是值得关注的：云南现在的许多产茶大县，是在改革开放后，特别是 20 世纪 90 年代才通过"大跃进"的方式发展起来的，而勐海县现有茶园 18.3 万亩，却属于历史的积累，1990 年之后，除勐海茶厂在 1990 年基本建成的巴达、布朗山万亩茶园之外，勐海所建茶园仅 900 亩。

勐海于 1958 年成立"茶叶办公室"。至今，这个云南省设立时间最久的"茶办"，仍然在勐海茶叶的种植、维护和生产加工及科技推广方面扮演着重要的角色。据 1974 年就开始担任茶办主任的高级农艺师曾云荣先生介绍，1990 年，勐海县政府针对勐海长期的"茶叶财政"现状，曾实施了"101 茶叶基本建设工程"，意即改造 10 万亩低产茶园，使每亩产量可达到 100 市斤。也就是说，勐海县有关茶叶的思考和展望，是建立在修正历史的基础上。由于历史丰厚的沉淀，勐海无须再作重大的茶园建设的基础性调整，他们关注的是如何让古老的茶园再获生机。而"101 工程"的实施，也从根本上保证了勐海作为"云南茶都"不可动摇的地位。茶园改造后，勐海茶叶的平均单产，由每亩 42.2 斤，增加到 60.5 斤，茶叶总产量，由每年的 2.3 万担，增加到 6 万担；茶农的年收入由 1 380 万元增加到 3 600 万元；茶叶初制所由 56 个增加到 255 个……令人更加兴奋的是，通过改造，现勐海亩产达 100 斤的茶园已达到 98 182 亩，基本实现了县政府 1990 年提出的战略目标。

据曾云荣先生介绍，由于勐海茶业持续、稳定的发展，勐海茶厂现已发展成为拥有红茶、绿茶、普洱茶，压制、初制、机辅等车间和多个加工分厂及几个初制所的茶叶生产集团，年产量可达 7 500 吨，

花色品种达 112 个。据《云南省茶叶进出口公司志》载:"(勐海茶厂)是全省加工茶叶花色品种比较齐全的大厂。"用曾云荣先生的话说,勐海茶厂一直都是县财政的支柱,以前全县干部职工的工资都要依靠它,修公路、搞水利建设、用电等,都得靠茶叶。1985—1986 年,

勐海茶厂上缴利税，竟占了县财政的37%，有时，甚至占到了50%。

古人说："皮之不存，毛将焉附？"有了皮，毛才能有所寄托。勐海人牢牢抓住茶园建设这一基础，才有效地促进了整个茶业的大发展。现在的勐海，除了有勐海茶厂这一闻名世界的普洱茶生产基地外，由于响应云政发〔1994〕2号文件关于茶叶生产对外开放的精神，又相继办起了几个精制茶厂，目前，更是有四川、广西、湖南、浙江及云南其他地区的茶商在此设厂生产茶叶，而思茅地区，就有36家茶厂在勐海收茶搞精制……

这无疑是茶叶界的一次历史性重演，20世纪三四十年代的勐海和现在的勐海，都以茶叶的优异品质塑造了茶叶之都的形象。在这两个时间段上，虽然存在着诸多的人文、经济和政治背景的差异，但都毫无例外地酝酿出勐海茶业的辉煌气象。

鲜为人知的是，自1951年始，云南茶业的科技潮流大多肇始于勐海。在勐海度过的49个年头中，省茶科所不仅向全国推荐了大黑茶、大卵圆叶茶、革质杨柳茶3个性系茶树良种、49个优良单株；也不仅仅在整个云南高原上遍植了由其选育的"云抗10号""云抗14号"和"长叶白毫"等国家级、省级无性系茶树良种；它还系统地总结出了"以密植为中心，以土肥为基础，把握好修剪、采摘、养蓬技术关键"的云南大叶茶密植、速成、高产稳产栽培法，实现了云南大叶茶由"乔木"向

"矮树"的革命化跃进……同时，在勐海，由省茶科所创办的期刊——《云南茶叶》，也成为云南茶叶界交流经验、介绍新技术、探讨茶文化等课题的重要阵地；在几十个国家和地区的茶叶专家、学者到勐海取"茶经"的热潮中，勐海的茶叶专家们也"出使"上沃尔特（编者注：今布基纳法索）、缅甸、马里、斯里兰卡、日本和泰国等国家，或援助，或交流……

在省茶科所建立的、迄今中国最大的占地30亩的"国家级茶树种植资源圃"，保存着野生型、栽培型、山茶科近缘植物810多种，其中有一批是濒临灭绝的资源。从该茶圃中我们就可以清晰地看到：全世界至今发现的茶组植物为40种，而中国占39种，其中云南又占

33 种，且 33 种中有 25 种为云南独有……

这难道不是一个真正的茶树帝国？这难道不是一个令人目不暇接的茶树博物馆？它建在勐海，每一株茶树的根须汲取的都是勐海土地的养分！

时任勐海县委书记的胡志寿称，茶叶和勐海茶厂在勐海的社会经济中占据非常重要的地位，当前云南省委、省政府提出要把云南建成绿色经济强省，并将云南建成一条沟通世界的国际大通道，应该说，两个战略规划的实施，对勐海来说，都是千载难逢的大好机遇。一方面，勐海产茶是云南第一且历史悠久，发展绿色经济有得天独厚的优势；另一方面，勐海是云南乃至全国开展对泰国、缅甸、老挝三国贸易的重要关口、通道和基地，且沟通东南亚地区的贸易行为古已有之；再者就是关于普洱茶，勐海要借西部大开发之机，在上精品的同时，花大力气保护好这一"品牌"，并让这一品牌乘势而上，创造出新的辉煌。也就是说，国家和省的一系列战略规划，对勐海茶业及社会各方面的发展开了"绿灯"，吹响了冲锋号，我们没有理由错失良机。

在地图上，有一个地方，活像一个人的肾。这个地方的地理坐标是北纬 21° 28′ 至 22° 28′，东经 99° 56′ 至 100° 41′，这个地方叫"勐海"。这个地方像肾，我想，这地方当是云南茶叶特别是普洱茶的"肾"，它迸发出来的活力，必将使云南茶叶特别是普洱茶更具生命活力。

同样在地图上，我们可以看出，由于勐海大部分地区都处在海拔 800 米至 1 500 米的南亚热带季风气候区，少部分地区属于中亚热带季风气候区，个别地方属热带季风气候区。由于这里年温差小而昼夜温差大，酸性土壤分布较广，表层腐殖质深厚（在这块仅占全国土地面积 1/504 的土地上，生长着五千多种植物，占全国植物种类的 1/6），雨季雨量充沛，旱季露浓雾重，非常有利于茶树单宁酸和芳香酸的积聚与保存，因此是生产优良茶品的天堂。

　　历史原因和自然条件的优越，两者结合，无疑就成为勐海缔造普洱茶神话的基本因素。这是人间奇迹，非单纯的人力可以达到。

朝拜茶王

在云南高原，到处都是古老的树木，它们组成森林，严严实实地把一座座山峰或者一块块平地包裹起来；它们利用强大的肺叶，不停地呼吸，仿佛一台台上帝恩赐的空气净化器；它们记录着疯狂流逝的时光，宠辱不惊，顽强地传承着各种珍稀物种的香火；它们也以自身的宝藏造福于人类，并由此缔造出绚丽多彩的源于自然的神奇文明……

茶树就是其中的一种。

在云南境内，古老的大茶树分布之广，数量之多，年代之久远，树型之高大，种类之繁杂，常令深入林间考察的科技工作者们叹为观止，并迷醉其间。特别是在澜沧江、元江和怒江流域，简直就像矗立着一座座人类的想象力难以抵达的茶树博物馆，它们的天然形态，像弥漫的诗情，亦如有序的旋律。作为茶树古老象征的代表，目前被人们发现的野生型和栽培型大茶树有：勐海县巴达乡贺松村原始森林中树龄达1700多年的"巴达茶树王"；勐海县格朗和乡南糯山栽培型树龄达800多年的"茶树王"；凤庆县马街香竹箐栽培型大茶树；凤庆县诗礼小光山约2平方公里区域内生长着的上万株野茶树群落；澜沧县富东乡邦崴古茶树；镇沅县九里千家寨树龄在1000年以上的大茶树群落；思茅县磨黑成片大茶树；金平县树龄达2000年以上的百余株老茶树；师宗县五洛河原始森林中的大茶树……

在这些古老的大茶树中，以勐海县巴达乡的野生茶王和格朗和乡南糯山的栽培型茶王最具代表性，也最为世界茶叶界所熟知并视为"茶祖"。正如勐海茶厂企业歌所唱"勐海茶香，五洲飘荡；朝拜茶王的人们来自四面八方"，每年都有大批的日本、韩国、中国香港、中国台湾、东南亚、美国和英国等几十个国家和地区的茶界人士前往勐海朝拜茶王，在普洱茶文化的发祥地、茶叶的故乡流连忘返。

在巴达茶山

2000年4月7日，我驱车踏上了去巴达乡的旅程。巴达乡吸引着我的不仅是贺松原始森林中的那一株树龄在1700年以上的茶树王，勐海茶厂自1988年始在那儿垦殖的万亩新茶园同样令我向往。在同行的时任勐海茶厂厂长助理、巴达分厂厂长的陈平及巴达分厂原厂长何青元的叙述中，巴达茶山之于我，宛如飘荡在云朵之下的茶叶天堂。

从勐海县城所在地象山镇去巴达乡茶山有58公里的路程。汽车最先在西双版纳最大的坝子——勐遮坝子上奔驰，宽阔平坦的柏油路两旁，布满了正等待收割的甘蔗林，星罗棋布的傣家寨子，在喷泉一样的凤尾竹丛中，充满了枫丹白露派画家笔下的气韵。由于1362傣历年的逼近，路边总有成群的傣家小卜哨，满头插花枝，着盛装，笑语盈盈地来往。作为西双版纳最令人如坠梦境的风光，这些秀竹般摇曳的傣家女儿，她们的美丽，已经被无数的诗文所歌吟，但在诗文与实景之间，无疑又有许多只可意会不可言传的东西被封存了，它们是动荡灵魂的因子，若非亲身体认是无法把握的。她们犹如一种俗到极致的大美，若将其分散或置于异地，她们个体的首饰以及服装上的细节乃至人本身，带给人们的或许只是一种碎裂的土风感受，甚至于有的人会因其细节上刻意的、落入俗套的装饰风格而对其不屑一顾。可当她们作为一种集体主义花卉形式出现在版纳的地域之上时，你才会发现，她们是那块梦幻之地的精髓，是那片土地永不停歇的欢乐颂，她们与那片土地的关系，是惯常的土地伦理观所不能概述的，你甚至会产生这样的迷失感：她们组合成了西双版纳的每一个物种，西双版纳的每一粒尘埃，都是她们的灵魂的仆人，而非西双版纳养育了她们。

她们尽情地展示着自己的美丽，她们从来也用不着遮蔽什么。美之于她们，是必然的呈现，甚至是毫无保留的燃烧。

特别是在一年一度的傣历年，她们没有理由不绽放，她们没有理由不把自己的美和歌声带上，在荡漾着情爱波涛的季节，为自己寻找生命皈依的乐园。

在公路两旁，她们先是成群结队，渐渐地，就被傣家小伙所分化，各自坐到了小伙子们的摩托或自行车的后座，消失了，消失在了勐遮坝子的每一个角落。那情与爱的大合唱，没有声音，但空气中又飘荡着氤氲的气息。

汽车就是在这样的背景中疾驰。

公路两旁的黑心树，枝条都被砍伐了，它们像一个个古代战场上

战死的勇士，死了，仍然不屈地站着。傣族人以此为柴火，卸其肢首，使其与版纳的风情似有不相吻合之处，但也动摇不了我对这片土地的热爱。

车入巴达山，道路就不再是柏油路面，而是变成一般的乡村土路，凹凸不平，处处有陡坡，且处处都有从运送甘蔗的汽车上抖掉下来的甘蔗，它们被碾碎了，甜蜜的汁液打湿了尘土。

在公路两旁，时有一些有别于傣式建筑的厂房，陈平说，那都是茶叶初制所。类似的初制所，目前均已实现机械化操作，勐海全县有255个。

勐海茶厂的巴达基地，或称巴达分厂，坐落在巴达乡海拔1900米的老象山脚下，我抵达的时候正值中午。在灿烂的阳光下，正有五六个茶工在水泥院场上晒茶，偌大的院场，泛着青绿色的波涛，茶香阵阵。该基地建有一座现代化厂房、手工作坊、名优茶生产车间及办公楼，周边都是茶山。在CTC生产线车间的旁边有一所小学，正面则是一个名叫"黑龙潭"的池塘。基地背靠老象山，老象山极像一头巨大的象，它长长的鼻子伸入黑龙潭，造就出一派"老象汲水"的气象。据当地居民讲，在勐海茶厂未在此建立基地以前，有人曾看见一条巨大的黑龙从水潭中升天。当地居民都认为，这池水是龙的家，否则，它为什么从来都不会干涸？

站在巴达基地往四处看，都是没有尽头的茶园。据陈平介绍，该基地土地面积为10 000亩，实种云抗10号、14

号，矮半、长叶白毫等优质茶树 4 623 亩。

基地种茶，一律不使用"敌杀死""氧化乐果""来福灵""敌敌畏""克芜踪"和"草甘膦"等化学药剂，而所产的碎红茶、大益牌普洱茶、玉芽春、青峰、碧螺春、玉丁香和女儿环等茶品，每年产量都在 400 吨左右，可以说，都是最优质的生态茶。名优茶生产车间所产的玉丁香和女儿环，两者都是名扬海内外的极品茶。

整个巴达基地，有名优茶生产设备 8 套，大宗茶生产设备 3 套，年设计生产能力是 1 000 吨。其中 1992 年以 60 万美元由印度引进的 CTC 成套生产线，每小时可产碎红茶 280 公斤，当时是云南第一家，迄今也只有凤庆茶厂拥有一套相同的设备。

在巴达茶园，有茶农 170 户，劳力 337 人，他们或为布朗族人，或为拉祜族人，或为哈尼族人，或为彝族人，分 5 个队，以茶为生。同时，由于茶园面积大，且由北向南呈 18 公里长的带状，为了便于管理并避免鲜叶运输时的损伤，基地又分一号地、二号地和三号地 3 个单位，且一一设制茶车间，为生产普洱茶和名优茶做最初的杀青、揉捻、解块、晒干等工序。

据二号地负责人，1995 年毕业于云南农大茶叶系的罗祥辉介绍，每年从 4 月至 10 月，整个巴达山都处于大雾弥漫之中，所谓云雾山中产好茶，巴达如斯。勐海茶厂巴达基地有管理和技术人员 13 人，他们都像罗祥辉一样分布在 18 公里长的茶园之上，每年除 1 月和 12

月没鲜叶，其余 10 个月都必须浸淫在收鲜、加工、中耕、修剪等一系列繁忙的工作事务之中，没有上下班概念，有时甚至连续工作 20 多个小时不合眼。特别是春季，那个忙，真的没法用语言来形容。而忙过了，偶尔闲下来，那 18 公里长的寂静，那无边无际的巴达山大雾般的寂静，往往又让人心里很空。

在二号地仓库，我坐在罗祥辉收鲜的办公桌旁边，十多分钟，他共收鲜 6 起。每个茶农，他都从不问姓名，就能在收购单上写出。他一边验级、过秤、开单，一边往桌上捡一些初制茶往嘴里送，他说他已经熟悉二号地的 73 家茶农的 140 名劳动力。从仓库大门吹进来的山风，吹拂着地上鲜绿的茶叶，说起个人的私事，罗祥辉空茫地望着巨大的仓库，眼圈有些发红。

他已经 30 岁了，还没对象，可他又不愿意在山上找，他说，山上的女孩大多是文盲。他梦想着有一天能在山下找一个可以一生相依的女孩作为自己的新娘。

从勐海茶厂巴达基地到"巴达野生茶树王"所在的贺松原始森林，有 16 公里的路程。罗祥辉所在的二号地正好是中转站。从二号地出来，在陈平、何青元等人的引导下，我们开始在茶园中间的土路上向"茶王"挺进。

作为巴达山人，陈平和何青元都无法说清自己
曾多少次拜谒茶王了。来自全国各地的茶
叶专家学者，来自日本、韩国、
东南亚、欧美等国家
和我国港

澳台地区的普洱茶学家、品茗者、旅游探险者和媒体记者纷至沓来，他们都是向导，这一条对远方来客而言无异于圣途的土路，对于他们，已经成为日常生活的一个组成部分。

巴达贺松的原始森林，已被国家划定为"天然林保护区"。在这片老树参天、藤萝纵横、昆虫乱飞的密林中，一条由"朝圣者"踩出的腐殖土小路弯弯曲曲，初踏上去，我有一种严重的迷失感，我不知这路除了能带我抵达"茶王"外，它还隐藏着多少万种可能，它四周的每一种植物、植物上的每一片叶子；它四周的每一种昆虫、昆虫的每一种色彩及叫鸣；它四周的每一种鸟鸣、每一种花的味道……对我来讲，都是陌生的，都是奇遇，都包藏着一个神秘的王国。前面我已说过，那是阳光灿烂的日子，可在密林中，我却很难发现阳光透过树叶洒落到地上，在我头顶上，有一层厚厚的绿色植被把我和天空隔开了，对于飞翔在高处的鸟儿和云朵来说，我们一行人已经变成了植被下的田鼠、蛇或者其他生灵。

我应当牢记这样一个时间：2000年4月7日下午4时7分28秒。当时，我来到了茶王的身边。茶王树旁依着一棵巨大的红毛树，它们像一对千年的情侣，相依相偎，枝叶共融。在茶王树的脚下，人们搭了一个平台，但所用材料均已腐朽，被形形色色的树叶盖住了。

对这一株生长了1700余年并且还将继续生长下去的野生老茶王，茶叶界统一的叙述是这样的："巴达茶树王，生长于勐海巴达乡贺松寨大黑山原始森林中，树龄1700余年。植株乔木型，树高14.7米（原高32.12

米，1967年上部被风吹断），主干直径 0.9 米，树幅 8.8 米。叶片属中叶型，叶形椭圆，色深绿而有光泽，叶长 11 厘米，宽 6 ~ 7 厘米，叶脉 7 ~ 8 对，锯齿 28 对，叶缘缺刻浅，叶间距为 3 厘米左右。叶姿上斜，叶柄较细，芽叶无毛。花朵呈黄白色，直径 5.8 ~ 7.7 厘米，花瓣 11 ~ 14 片，柱头 5 裂，萼片无毛。茶果呈梅花形，果皮厚，种子近球形，枝干灰白，生长势强。鲜叶或成茶味苦涩，抗病虫害、抗旱性强。"

　　见到这茶树之王，我似乎为自己二十余年的饮茶史找到了源头。

于是，采撷了十余片叶片标本，并在树下寻找了数粒茶果，不是为了奠祭，而是为了延续自己对茶叶的敬畏，是为了注释自己不朽的普洱茶情结。

下山路过茶王水库，适逢一傣族小伙子在铺设饮水管道，见其帐篷中有自制的青竹茶，取了一截作纪念。据此人讲，在20世纪80年代，这一带的原始森林中还有老虎出没，现只是偶见马鹿、老熊和麂子之类。

在南糯山谷地

　　巴达茶山在勐海县的西部，而南糯山所在的格朗和乡却在勐海县的东部，两者在勐海县地图上，一左一右，平衡丰硕如勐海茶业的两个乳房。稍有不同的是，巴达属于真正的新茶园，而南糯山则是乔木普洱茶的发祥地之一，且至今被视为真正的普洱茶圣地。

　　只因为南糯山的栽培型茶王，在人类的制茶史上，其价值远胜于巴达野生茶王。在通向这株茶王的山梁上，建有一条800级台阶的石板路，有来自日本、韩国等国家的祭奠茶王者，一步一叩，800叩，

叩倒在茶王的面前，那份神圣的情感，那份绝无仅有的肃穆，把南糯山推举到了人类茶山的巅峰。

南糯山又称"孔明山"，当地僾尼人始终坚信，南糯山的茶树，本为诸葛孔明所栽。也正是因为这样，1938年，白孟愚到南糯山推广茶技并设厂制茶，被人们称为"孔明老爹再世"。

承白孟愚南糯山茶厂之余威，续云南省农业厅佛海实验场多年积蓄的底蕴，汲取南糯山千年茶史的遗风和根深蒂固的茶叶精神，勐海茶厂现在南糯山设有两座制茶分厂。其中一厂自1953年始即为勐海茶厂经营，二厂最初则由解放军接管，赵继南任厂长，后由农业厅佛海实验场，即后来之省茶科所用作实验基地，后又归格朗和乡政府，1999年方又由勐海茶厂承包经营。

据老茶人杨开当及目前勐海茶厂南糯山制茶分厂厂长黄友明介绍，南糯山在20世纪80年代之前就有万亩茶园，都是高逾4.5米、有几百年历史的老茶树。从1984年开始推广新品种，淘汰了老茶园，建起了新茶园，且面积相当。两个茶厂，一厂以做"工夫红茶"为主，二厂则一直生产烘青。在杨开当先生的记忆中，20世纪60年代的南糯山，有时一天就能收购鲜叶一万斤，茶厂工人往往都是两班或三班倒，忙得不亦乐乎。

2000年4月9日晨，我踏上了南糯山的土地。这座茶叶界的圣山，在和煦的阳光下，以茂林修竹迎我，而非古茶园。在我的想象中，整座南糯山都生长着神化了的茶树，大雾氤氲，幻如桃花源，往来者皆不论魏晋。可沿山而上的道路之上，茶农们驾驶着的农用汽车以及小伙子们风一样奔驰的摩托，却把我阻隔在想象的王国之外。但我还是为一个个藏身于竹木间的缥缈的僾尼山寨所陶醉，这些有别于都市的乡间美景，虽然没有文字描述中那刻意的形而上背景，却可以在每时每刻都成为人们的灵魂依托。在一些人的目光中，它们是生命的乐园，在其表象之下蛰伏的或许也并非永恒的宁静、停止流动的时光以及固守原始生命操守的人们，可它们毫无例外的，都能在人们旁观它们之时，以其原生的力量，将一颗颗疲惫的心灵，用没有被污染过的树叶盖住，让心灵安息。
我一直把自己视为一只在天空
中飞累了的鸟儿，希
望有一泓

清泉，可以让自己停止飞翔，把翅膀上的风尘洗干净。面对南糯山的景色，我发现，梦想往往就在身边，只要我真的停下，我就可以做自己灵魂的主人。

在当年白孟愚创办的南糯山茶厂旧址，可以看出南糯山的岁月绝不是平静的。在大石头寨所处山峦斜坡的底部及中部，20 世纪 40 年代的茶厂房舍、60 年代翻修过的车间以及 80 年代的厂房，或本土民居式，或法式，或钢筋水泥化，三种风格，以三种时间概念，清晰地诠释出了南糯山茶厂的演变史。

那篮球场，可是当年白孟愚所创？

那涧底鸣泉，可是当年濯洗茶具的那一泓？

杨开当先生的家就紧依茶厂而建，他仿佛是这茶厂的守望者，年复一年，日复一日。20 世纪 80 年代新茶园替换旧茶园，曾在茶厂的旁边留下了一株有百余年历史的老茶树，枝繁叶茂，秀颀可人。杨开当先生担任了它的守护者，无事的时候总要去看看，绝不允许周边茶农轻易摘走一片叶子。这是否意味着有一批老茶人，他们对乔木茶树更钟情？

在杨开当的家中珍藏着一批关于南糯山茶厂 20 世纪 50 年代中期的老照片，都是 8 寸 ×8 寸的规格，由于保管欠妥，已经受到严重的侵蚀且破损。但是，仍可辨认出那热火朝天的年代的种种壮烈场景：有关于苗圃维护的、新辟茶园的，也有人工解块和筛茶的，还有萎凋及制作红茶的……画面上的僾尼人，几乎都着盛装，这是否"摆拍"，已无从知晓。其中有一张是杨开当先生与解放初南糯山茶厂厂长赵继南的合影，两人都风华正茂，赵继南着僾尼装，而作为僾尼人的杨开

当却穿着一身宽大的中山服。也许是杨开当先生特别珍视这张照片，所以请人进行了翻拍并过塑，还打上了这样的文字："相识是一种难得的缘分。"

一晃，时光过去了50多年，当时少不更事的杨开当，如今已是老人了。南糯山的风风雨雨，在他的人生旅途中，或许已不仅仅是一种缘分，早已化成他血脉中的血。尤其是谈起那株闻名天下的茶树王，他心情激越，似有无数块垒无力排解。

南糯山茶树王，是1953年由省茶科所周鹏举等人发现的，树干直径4.34米，高5.5米，为栽培型，树龄800余年。它的发现，震惊了世界茶叶界，也因此引来了无数海内外前来朝拜的人们。20世纪80年代，十多个国家的茶界名流，由于看到它濒临死亡的情形，遂掀起了一系列轰轰烈烈的保护运动。

1990年12月，勐海县成立了"保护茶树王管理委员会"，并下设办公室，以科研单位为龙头，成立了技术组，全面实施茶树王保护工作。在此之前，西双版纳州、勐海县数次在南糯山召开有关部门领导人参加的现场办公会，划定了保护区范围，发布了保护茶树王的通告，还派出专人巡视看管。

1991年1月17日，在勐海县保护茶树王管理委员会的主持下，保护茶树王的工作拉开了序幕。技术执行组的专家们针对茶树王主干空心、主枝枯断、周身满披苔藓地衣、树干伤痕累累、病虫危害异常严重、土壤瘦瘠板结和四周杂草丛生的现状，首先对茶树王满身的苔藓地衣和各种寄生植物进行了清理，并用0.2%的亚硫酸铁溶液进行喷施消毒；其次，对干枯腐朽的枝干和病虫害严重的枝干进行了修剪切除，并用石蜡和虫胶对切口进行密封，防止雨水、空气和病虫的侵入；另外还使用多种农药进行病虫防治，清除了枝干间及洞内壁的腐朽木质、泥土和砂石；同时，还根据茶树王根茎附近的土壤情况，分层减薄了茶树王周围不透水、不透肥、肥力低的板结土壤，然后填充了有机质含量高、疏松的山基土，并增施农家肥和一定量的三元复合肥，以改善根系的呼吸作用和吸收水肥能力。在改良土壤的过程中，还

使用了敌杀死、贴灭克和万灵等农药，对土壤进行了消毒。

作为辅助工程，人们还在距茶树王 12 米的半径外建造了坚固的围栏，以一年为一台阶的象征方式，修建了一条 800 级台阶的通往茶树王的道路，修建了最佳角度的摄影台，凿通了以前为保护茶树王而修筑的混凝土墙，以改善其土壤的通透条件……

之所以如此，是因为人们希望能通过这棵茶树王研究茶树的起源、驯化过程，并由此触类旁通地在农艺史、茶树生态学、植物学、遗传学和民族学等领域获得较大的科研成果。同时，借以弘扬中华茶文化，提高云南茶叶的知名度，带动西双版纳的旅游业，为云南众多的古老茶树的保护工作探索出一条切实可行的路子……

但现在，人们在谈及这棵古老的茶树王时，唯一可用的词条是："虽死犹生"。

因为它在经历了 800 多年的风雨雷电和世事变迁之后，死了。

我沿着 800 级台阶而下，抵达茶树王所在地的时间是 4 月 9 日中午 12 时 40 分。800 级的台阶落满了大青树褐色的落叶，有的地方，落叶已将道路彻底掩盖了。很显然，这是一条人迹罕至的路，因为已经没有更多的人愿意翻山越岭去看一道已经逝去的历史风景。这跟以前人影浩荡的景象已不可比。

天下闻名的茶树王，已经不复存在，只有亭子中央遗留了一堆灰烬。在灰烬的旁边有两截疑为茶王残枝的木头，一截烧黑，一截已腐朽得呈镂空状。另外，在亭子外面的摄影平台上，也有一截烧黑了的老木头。

当年茶王生长的地方，根盘已经被刨走，剩一巨大的空穴，有无数绿色植物的藤蔓恣意地纵横其间。摄影平台的四周，生满了红锈的钢筋的头颅都被打制成梭镖形，已不锋利，但仍坚硬而冰冷。

亭子的柱子和石碑上面，以及茶树王旁边的另一株老茶树的躯干上，均写满了"××到此一游""我爱你，如果有缘，我们在一起"之类的话语。甚至在高达4米左右的亭子的顶棚上，也有人写上了"阿咪到此一游""南茶树公主到此一游"及一些人生感言和头像素描。

死一般的静寂。

漫天的绿色、鸟语和蝉鸣，更是把这死一般的静寂推向了极致。

在800级台阶的另一端，有一钢筋拱门，上面拴了一条黄狗。拱门的旁边是几株直刺天穹的红毛树。它们或是在为死去的茶王守灵？

同行的陈平以及南糯山分厂厂长黄友明说，2月份，他们来的时候，茶王的躯干尚存于亭内，未曾想，短短两个月时间，就只剩三截残枝。最后，我们一致同意，甘愿承担任何责任，将一截尚好的茶王残枝带回勐海茶厂，存放于勐海茶厂陈列室。

今后，朝拜茶王的人们，能看见的或许就只有这段残枝了。但我们相信，南糯山遗风，绝不会因为茶树王的消亡而散失。并且，作为象征，在南糯山的密林中，还生长着无数古老的"茶王"；作为茶文化的一个源头，南糯山的谷地，将继续成为普洱茶的摇篮之一。

在布朗山之巅

我愿意把一些老茶人也称为"茶王",比如宋晓安。

为了采访这个勐海茶厂的传奇式人物,我不得不绕道几十公里,先到布朗山乡,然后沿着已经荒废多年的"勐布公路"再去勐海茶厂建在班章的"布朗山基地"。

从勐海县城去布朗山乡有 91 公里的路程。在布朗山 1 016 平方公里的土地上,生活着近 16 000 名布朗族同胞,他们在最高海拔为 2 082 米的三垛山和最低海拔为 535 米的南览河与南桔河交汇处之间的坡地上,一代接一代地繁衍生息,并创造出独具特色的古老文明,而茶文化即是其中之一。著名历史学家方国瑜先生就曾把布朗人称为茶艺的始祖,是他们最早栽培、制作和饮用茶叶。

布朗山乡的南部和西部与缅甸接壤,70.1 公里长的边境线虽然隔开了两个国度,但两国边民仍可自由地来往。通向布朗山的路途上全都是山,或跌宕起伏,或刀削斧凿,那冰冷的气象中,因为人烟的稀少而掺杂了太多的寂寥。汽车进入曼班天然林保护区,路两旁的细栗树和椿树,笔直、坚挺、遮天蔽日,辽阔无边的暗绿色所形成的背景之中,更是连一个人影都见不到,我们乘坐的汽车,仿佛行驶在世界之外。偶尔才有一辆来自缅甸方面的、运送矿石的大卡车,它们与我们擦肩而过,巨大的轰鸣声也总是在一瞬之间便散失殆尽。

在这样的旅程上,我无法将布朗山与茶文化联系起来,我甚至有一种不知自己去往何方的感觉。我只清晰地感到,汽车正迅捷地朝着一个陌生的地方任性地迈进。

之所以要绕道布朗山乡乡政府所在地，是因为宋晓安没有居住在布朗山茶园基地，而是住在乡政府所在地的勐海茶厂茶叶收购站。

91 公里的路程，我们乘坐的汽车足足奔跑了 3 个半小时。也就是说，中午 1 点半出发，下午 5 点，我们才到达布朗山乡乡政府所在地。夕阳笼罩的布朗山，像被涂了一层金粉。

当同行的陈平等人告诉我，站在我面前那个矮小的老人就是宋晓安时，我得承认，我大脑中虚构过无数次的那个高大硬朗的宋晓安消失了，代之的是一个用槟榔叶和蓝靛叶捂住头颅以便祛风避痛的、甚至有些谦卑的布朗山人。他因患有高血压，所以总是躲避着阳光；他因几乎与外界失去了联系，所以总是回避着我的目光；他因一直生于苦寒，所以总是显得有些拘谨，甚至不愿意大声说话。

宋晓安，出生于 1933 年，汉族，故乡是相对发达且自古以茶闻名的勐宋。1955 年参加工作，1959 年上布朗山。也许谁也不会相信，自 1959 年背着一支步枪上布朗山之后，至 1991 年退休，宋晓安除了在 1959 年年末下过一次布朗山之外，32 年时间，他再也没回过勐海，也没有回过故乡勐宋。他把自己一生中最美好的时光全交给了布朗山。

宋晓安之所以被称为传奇式人物，并曾被邀请出席勐海群英会（1959 年末），是因为他曾经打死过一只老虎。

回忆中的事情总是很美，当讲起那次打虎的场景，宋晓安似乎才显得有些孔武，脸上闪现的兴奋之光，在其阴暗的小屋中，显得那样的炽热。

　　那是 1959 年 10 月的一天傍晚，被安排在布朗山乡曼囡村村公所
收茶的宋晓安，在听到老虎进村的消息后，匆忙带上有关部门配发的
步枪和 100 发子弹及 4 个手榴弹，冲出了收购站。当时，老虎已经咬
死了一个村民，并跑到村中缅寺叼走了一个小和尚，在村民的追打途
中，小和尚也已在其口中一命归西。

　　那是一只疯虎，它已丧心病狂。

　　当人们以为它不可能再返回村子的时候，它偏偏又窜回了村中缅
寺，并向 80 多岁的大佛爷发起了攻击，将大佛爷的脑袋咬出了一个
大洞，血流如注。大佛爷危在旦夕之际，宋晓安出现在缅寺，连发 5 枪，
将虎击毙了。

被宋晓安救出的大佛爷，后来被送到勐海医院抢救，捡了一条命。"文化大革命"开始后，宗教活动被视为封建迷信，老百姓冲击缅寺，他便远走缅甸并在那儿度过了自己一生中最后的时光。

被宋晓安打死的那只虎，当晚就被村民们煮着吃了。

那时候，布朗山一带到处都有野兽，不仅有老虎，还有熊、狼以及马鹿之类的。收茶人配枪，目的之一就是防野兽。

1994 年 5 月，宋晓安因"为云南边疆的解放和建设作出了贡献"，受到了云南省委和省政府的表彰。可在这荣誉的背后，宋晓安所付出的代价也是令人为之战栗的。

上布朗山，宋晓安有双重身份，一是勐海茶厂的茶叶收购员，二是县茶叶科技推广工作组成员，因此他和他的同事每收购 3 天茶叶，就得用 5 天时间下乡推广科技，与茶农同吃同住同劳动。也正是 1959 年，在一个叫曼榜的地方，宋晓安待了几个月，并认识了后来成为他妻子的那位布朗族少女。他们在劳动中产生了感情，并在之后结了婚，于 1968 年生下了大儿子宋庆华。

他们一生共生育了 6 个孩子，可膝下却只剩儿子宋庆华及 20 岁的女儿玉温丙，其余 4 个都病死了。宋晓安说，其实，死去的 4 个孩子患的都不是什么重病，可当时所在的茶叶收购站根本没有医疗条件，到处都是山，到最近的医院也要走整整一天，而且医生的业务水平也十分有限。

白
发人送黑发人，是
一种精神剧痛，宋晓安送了4
次，谈及此事，他眼中空茫，没有泪光。

　　他就这样，在布朗山上，与自己的布朗族妻子相依为命。可到了1999年1月26日，60岁的妻子浑身疼痛，买了止痛药服下，没任何好转，送到乡医院，医生也说不出子丑寅卯，在连患的是什么病都不知道的情况下，她便撒手西归了，留下了宋晓安。

　　宋晓安说："她死了，化成灰了，骨灰撒在布朗山上了。有时总会看见她，她还和我在一起……我这一生就只想跟她在一起，什么地方都不想去了。"

　　宋晓安自1959年底回过勐海之后，第二次下布朗山是32年后的1991年，原因是工资转由工商银行发放，他不得不去勐海县城。阔别32年的勐海县城，在宋晓安的印象中像一座迷宫，他连路都走不通畅了，一切都是陌生的。

　　现在最让宋晓安闹心的是女儿玉温丙的生活。大儿子宋庆华，在曼榜找了个布朗族女子结了婚，并随之种地去了，这并不让宋晓安担心。可20岁的女儿玉温丙，初中毕业后在一个几十公里外名叫老曼娥的村小代课，山高路陡，往来都要穿越原始森林，而且每月工资只有120元人民币。同在布朗山，父女俩往往要几个月才能见一次面，连彼此照顾一下都成了奢望。宋晓安因此事事都得靠自己，不想做饭时，他就天天吃米线或者面条。
　　女儿代课的地方是高山地区，宋晓安一直想写个申请把她调到

"近一点的矮地方"来，可乡政府里的人他都不认识，甚至不知道该把申请书交给谁。

茶，说起茶，宋晓安又会把一切痛苦抛之脑后，在他的记忆中，那每年每月都上布朗山来驮茶的马帮让他着迷；那勐混、勐养、勐棍一带上百头的牛，一路地赶上来，然后把茶叶驮走，那景象，仍栩栩如生地浮现在他的眼前；那收茶的时光，那鲜叶的清香……

在宋晓安的小屋中，摆着一台14英寸的长虹牌电视机，购于1994年，当时的价格是1700元。现在，这台电视机打开后，足足要等4分钟左右，才会出现闪动不止的画面。而这就是他一生唯一的奢侈品。

从宋晓安家出来，天已快黑了，布朗山乡所在地更像一座空镇，走在镇上铺设的一小段柏油路上，行人很少，两旁的房屋很破，我有些凄惶，有些茫然。

我想，在普洱茶热销的地方，又有谁想得到，支撑起普洱茶王国的，正是像宋晓安这样一大批固守在二百多个茶叶初制所或茶叶收购站的人们！那一团团普洱茶珍品中，岂止有他们压模的印痕，难道就没有他们生命中特有的芬芳以及酸涩？

驱车由布朗山乡所在地去勐海茶厂的"布朗山基地"，我对穿越原始森林已有心理准备，但没想到要途经宋晓安的女儿代课的老曼娥村。

车行进于布朗山之巅，在最初靠近乡政府所在地的那一小段路途中，尚能见到一个个收工回家的布朗族男女，他们脸膛黝黑，口嚼槟榔，一律有着血红的嘴唇。在他们起身离开的地方，那烧荒的山火托举着滚滚烈焰或者黑烟，不停地向四周蔓延。可随着进一步的深入，在不能称之为路的道路两旁，再也见不到人烟，只有森林和群峰。荒废了的勐布公路，路基很宽，但已草藤纵横，隐隐约约露出来的红土，被长年累月的雨水冲刷，无一不是条状的深坑，鲜有车辙痕迹。

薄雾弥漫，透过树枝和草叶，远方的天幕上还滚动着布朗山红得令人难以置信的太阳。汽车在"解放草"中跳跃前进，其长穗之上的细毛，车一触及，立即拂散开来，飘入车窗，落得满身都是，且呛人。据说，这种草，在以往的布朗山上并没有，是1949年之后才出现的，所以被命名为"解放草"。

天黑定，进入一谷地，谷地中有一寨子，即老曼娥。这是一个布

朗族村寨，已通电。同车的人说，寨子里只有一户人家有电视机，凡村民去看，均收费。村庄建在谷地中的斜坡上，建筑风格与傣族、僾尼人的有相通之处，尤与傣家风格相似。入村有一桥，桥头立有一旗杆，上有旗幡飘扬，类似于汉人之灵幡，此乃为捐资建桥者所树立的"纪念碑"；出村亦有一桥，桥头用水泥做了一条龙，极其粗糙。

老曼娥是一个用木头串结起来的山寨，但因其脏乱和僻远，它又仿佛是一艘绿海中的沉船。也难怪一些师范学校毕业分配到此教书的学生，人未到，泪水已盈满了眼眶。

宋晓安的女儿玉温丙就在此代课。

宋晓安说此地距乡政府 8 公里，可我怀疑有 15 公里；宋晓安说，走这段路要 3 个小时，若换我去走，想必需 5 个小时，甚至更长的时间。我在宋晓安家里时，曾在心中暗想，这玉温丙为什么要儿个月才回家一次？走过此路，此路上的阴冷、孤独和恐惧，让我理解了 20 岁的女孩玉温丙。在一条我没见过任何人、必须长时间行走的路途上行走，对任何人来说，都需要勇气，甚至意志。

　　汽车在群山之巅行驶了 3 个小时方才抵达班章。沿途曾遇到了三道封锁了道路的木门，每次均要停下来折腾良久。同车的陈平说，这些门都是布朗人所设，门楣上均写有咒语之类，用以将鬼怪病魔之类驱隔在门之外、村寨之外。在布朗山生活了 12 年的陈平还说，布朗山常见一种耳朵上有缺口的小猪，那都是布朗人送鬼的载体。他曾收养了一头，极驯顺，整天都跟着他。

　　若撇开俗世的种种臆想，黄昏的布朗山也曾给我带来巨大的震撼，源于它沉寂的苍凉之美。在靠近班章的那一带，一个个山坳和谷地上总有一座座人间的天堂，它们甚至让我心动，渴望在今后的岁月中到此安度余生。古代文人居士所谓"归隐山林，教书课子"的情怀，所需的地理背景，布朗山上又岂止一处？

　　车至班章，山上已不再是古树和藤蔓，而是无边无际的茶园。这个由勐海茶厂于 1988 年投资 600 多万元开始建设的茶叶基地，计划种植茶树一万亩，实种 3 502 亩，其前身是解放军某部的放牛场。现基地茶农有 165 户 647 人，大都从澜沧、墨江及昭通大关等地迁移而来。基地外加班章、乡政府两个收购站，布朗山目前一年可收鲜叶 340 吨。

　　勐海茶厂在布朗山基地建有一分厂，年可产名优成品茶 45 吨，普通成品茶 40 吨，产值均在 200 万元左右。

　　基地建在坝卡龙（傣语意为大荒坝）和坝卡囡（傣语意为小荒坝）两个寨子之间，没具体的名称。夜晚的基地寂静无声，或许是因为我们的到来，基地的同志特邀了 6 个茶农来演唱"澜沧调"。6 人先是拘谨，唱的都是应酬之歌，可随着酒酣耳热，渐转入倾吐自己之哀苦，最后，发展到且歌且舞，凌晨仍不想散去。

　　据勐海县广播电视局局长段金华先生介绍，布朗山乡是全国唯一的布朗族乡，布朗族人与柬埔寨的高棉人是同一种族，是高棉人南迁时的掉队者。高棉人创造了吴哥文明，作为西双版纳最早的土著，布朗人却成了茶文化的一个源头，其凉拌茶、酸茶和竹筒茶的制作工艺，在茶叶界独树一帜。令人不安的是，由于布朗山远居"天外"，布朗族人又不善与人接触，对外面的文化吸收较少，自己也没文字，本民族的文化也就渐次遗失，所以缺少强大的自身发展能力。其人口呈负增长，这跟中华茶文化日益光大、与勐海茶业导引世界普洱茶风潮的现状是不相吻合的。

布朗山，茶叶始祖居住的地方，亦是今日"茶王"们艰辛劳作之地，它让我酸涩，亦令我品味到了苦中的那一缕缕清香。

茶人访谈录

在勐海的那一段时光，我采访了几十位新老茶人。在这几十个人之中，我几乎找不到一个与茶决裂的人，他们的生命组成，离开了茶，就不完整。茶叶已经化为他们脉管中的血，精神世界中的意志，日常生活中的寄托。

在此，我因自己无法将他们的叙述完整地整理出来而汗颜，但我想说的是，他们的每一个言词都让我永生难忘，是他们为我打开了普洱茶的圣殿之门。我特别要提到陈蒸，是他向我灌输了普洱茶的"天赐论"，并为我提供了方国瑜先生研究普洱茶的道德文章，可就在我离开勐海不久，他却与世长辞了。这个1954年来到勐海的凤庆人，曾长期担任勐海茶厂的生产计划股股长，为普洱茶及勐海茶业耗尽了自己的一生。他走了，我愿他行走的路上茶香弥漫，我愿他寄身的地方是茶叶的天堂。

到勐海

勐海茶厂的老一代茶人，除张存属于范和钧时代的"遗老"外，大多数都是在20世纪50年代初从外面调入的。他们中间，有来自四川的张文仲、胡杰等30多人；有来自安徽等地的姚鎓清等5人；有来自凤庆的唐庆阳、陈蒸、杨学仕、马图书等6人；有来自下关的曹振兴、项朝福等十余人；有来自昆明的徐家耀等5人；亦有诸如杨开当、宋晓安等本地人。可以说，他们来自四面八方。

昆明至勐海的公路是1954年修通的，而这批人的到来，却大多靠步行。或先由昆明坐车至思茅，然后步行至勐海；或由昆明坐火车到石屏，然后步行至勐海……途中耗时都在半个月左右。

　　在胡杰的记忆中，1952年的云南山道上还流传着种种关于抢匪的消息，可生在四川盆地的他以及其他30多个四川汉子，都怀着对大海的向往，踏上了云南高原。在他们的想象中，勐海是一个烟波浩渺的水乡泽国，沙鸥翔集，水天相连。可随着一步步地深入，他们才发现他们要去的地方是瘴疠之地。过澜沧江的时候，由于备战以防国民党反攻大陆，江岸上还架着一挺挺机枪。胡杰之妻赵纪华说，进勐海靠一匹马，一边的木箱子里放女儿，一边驮家什，那情景，几十年了，仿佛还在眼前。

　　初到勐海，茶厂都还是些破房子，街上更是连最简单的日常用品都买不到。饮食方面，天天糯米饭，吃不习惯了，只好去吃傣族人卖的猪血米线……在张文仲的记忆中，那时因疟疾流行，天天吃奎宁，吃得脸色发黄。

一晃几十年，赵纪华再也没回过四川老家。

1955 年 10 月，中茶总公司指定安徽公司抽调 100 名红茶技术人员支援云南，结果只来了 80 余人，80 余人中有 5 人到了勐海，姚鑑清即是其中之一。作为勐海茶厂红茶蒸制车间的早期创始人，姚鑑清共带出了徒弟 30 人左右，有傣族人，有優尼人，有布朗族人，还有拉祜族人。由于红茶车间劳动强度不大，所以女职工居多，姚鑑清戏言自己："既当车间主任，又当妇女主任。"在被问到当前红茶技工紧俏的原因时，姚先生称："因为妇女都是 50 岁退休，所以很多徒弟，我还没退休，她们却退休了。"

与姚鑑清同样来自安徽的 5 人，现只剩下他一人了。其中有 2 人于 1956 年开小差逃跑了，有一人在 20 世纪 60 年代病逝了，另一人退休后也去世了。

普洱茶"天赐论"

已经作古的陈蒸是凤庆人，其入门学道时，学的是红茶加工。

在众多被访者中，陈蒸之于普洱茶，有较为深厚的典籍研究之功。在关于普洱茶源头的分析上，他简单直接："始于西双版纳的民间青茶，贮藏或外运，产生后发酵，是以形成特殊的茶味。"

对普洱茶的加工工序，陈蒸耳熟能详，引经据典，且认为当下的"熟普洱"生产工序，勐海也好，思茅也罢，甚或昆明、广东乃至国外，全都大同小异，没什么秘密可言。

本为自然之物，却在20世纪70年代成为一种工艺，陈蒸认为，这是对普洱茶品质的一种背叛。

为什么在异地所制的普洱茶就没有勐海所产的品质优异？陈蒸认为，这是自然原因所决定的，而非人的意志所能左右。

勐海普洱茶，是天赐。

陈蒸一生只饮"云南青茶"，即生普洱，从不沾惹后发酵普洱茶。

其理由也极简单：生普洱味浓，而熟普洱味淡。

普洱茶"自研论"

在《云南省茶叶进出口公司志·茶叶人物志》中，可以找到张文仲先生的简介。也就是说，这个 1930 年生于重庆铜梁的茶人，在云南茶叶界绝非等闲之辈。

张文仲先生生性耿直，词锋锐利。

关于普洱茶，张先生首先强调要分清四大茶类的基本工艺特征："红茶是全发酵；普洱茶是后发酵；乌龙茶是半发酵；青茶是不发酵。"同时，他亦为普洱茶的基本概念定调，即"后发酵的青茶"。

曾任勐海茶厂普洱茶车间主任、厂党委副书记的张先生，把普洱茶工艺视为"国家机密"。

在他任车间主任时，不是直管领导，一概不准进入普洱茶发酵室。日本等国家和中国香港等地区的代表团在 1980 年年初造访勐海茶厂，有时一天就得接待两批，可统统被拒于发酵室之外。在他的印象中，只在上级部门的指示和协调下，让普洱茶厂和澜沧茶厂的取经者进入过。

张文仲对后发酵工艺取之于广东之说有不同的看法。他说，那只是互相学习，而且当时勐海茶厂已经先期一年在生产人工后发酵普洱茶了。

勐海茶厂为何看上普洱茶？张文仲说，那是因 20 世纪 60 年代初，唐庆阳厂长到广西开会，见到了广西黑茶，回来后就一直想搞，可因"文化大革命"影响搁置了。直到 1974 年才开始试验，并由他和黄又新（《云南省茶叶进出口公司志·茶叶人物志》中有介绍）主持，11月份，第一批勐海"黑茶"就问世了，且打入了日本市场。关于工艺，张先生认为，一切都取决于"看茶做茶"。

关于熟普洱，张文仲认为，后发酵由自然状态变为"缩短发酵周期"，是勐海茶厂之功。

普洱茶"学习论"

1975 年 6 月，曹振兴、邹炳良、侯三、蔡玉德、刀占刚 5 位勐海茶人，偕同昆明茶厂的吴启英等人，前往广东口岸公司河南茶厂进行了为期半个月的参观考察。考察的项目是广东"发水茶"的工艺。

时任勐海茶厂紧压茶车间主任兼党支部书记的曹振兴，是那支考察队伍的领队。

那时，港澳台地区和广东省掀起了一股强劲的普洱茶（当时广东人称"发水茶"）消费热潮，在众多的茶楼里，人们言必称普洱。可当时内地正开展着如火如荼的"文化大革命"，云南普洱茶的生产和销售自然也被淹没在"革命"的洪流之中，产量下降。海外的普洱茶市场望断三秋，也无法得见大宗的云南普洱茶身影。广东便承袭

越南合江茶厂茶方，用后发酵工艺得"普洱茶"逐市。

据曹振兴先生陈述，从广东返回勐海后，经过反反复复的试验，勐海茶厂终于把"云南青茶"变成了"普洱茶"，掌握了人工后发酵工艺。

曹振兴先生家藏有一块20世纪60年代所产的云南青砖茶。曹先生说其乃勐海茶厂制藏销茶的试验品，但观其形，联系其生产日期，疑为"文革砖茶"，即第一批销西藏的砖茶。

同时，关于陈年普洱，曹振兴先生反对马背上遇雨发酵之说。在他看来，旧时西双版纳是瘴地，过了每年的阳历4月15日，即傣历年后，几乎没多少商人敢涉足，往往要等到第二年的傣历年前夕，才有马帮进入。在此期间，茶已发酵，然后外运或仓储，亦可造成发酵，但绝不是因为雨水，无论任何茶，遇水就霉，这是基本常识。

曹振兴先生还称，在20世纪50年代，勐海茶厂就开始生产并命名"七子饼茶"，这与众人所言七子饼茶产于20世纪70年代有出入。唯一的可能是，在曹先生的眼中，勐海茶厂早期的"黄印"和"绿印"均系七子饼茶范畴！

在勐海乡下

1954年，凤庆人杨学仕，奉调来到了勐海。这个现在仍非常乐观的人，也许在当时也没想到，这一来，他就把自己的一生交给了勐海的山山水水。

和宋晓安退休时仍在布朗山稍有不同的是，1979年，杨学仕被调回厂部基建科管理材料或账目（那时是勐海茶厂大兴土木之时）。但杨学仕仍在乡下待了整整24年，其中仅勐宋，他就待了15年，勐宋乡83个寨子，全都留下了他的身影，寨子里的人，他差不多都熟悉。杨学仕的妻子王玉珍，也是搞采购工作的，在1963至1975年的12年间，他们带着4个孩子住在勐宋采购点。背着孩子下寨子，或收购，或宣传，或推广技术，这对他们而言是家常便饭，在几十公里的山道上，他们总是来来往往。

20世纪六七十年代，勐海茶厂在乡下设有收购点26个，采购股职工最多时达105人，或一人一个收购点，或二三人一个收购点，鲜叶多的收购点，人员可达5人。

26个收购点，条件好的、设点时间长的有房子，若是新设的，往往是带着行李，扛着一杆秤就去了。去了之后，有的住老百姓家，有的自建草坯房……

从20世纪50年代肇始的
这一采购网络，初期
一度覆盖

了整个西双版纳地区，比如与徐家耀同样从昆明来勐海茶厂的殷汝孝，即在收茶时患水肿病，死于攸乐山茶园。

在徐家耀先生的印象中，20 世纪 50 年代的勐海茶厂，到"春茶"收季，往往是每一股室留一人值班，其余的都下乡收茶。老厂长唐庆阳也总是骑一匹马，在一座座茶山和一个个收购点之间不停地来往。那时候，勐海茶厂以收购为主，加工为辅，1955 年开始生产红茶，且在曼董、曼尾、曼新设了 3 个红茶生产分厂，产品主销苏联。1957 年，由于从英国、日本、中国绍兴和思茅引进一批揉茶机，每年红茶产品达到了 6 000 担左右。

1977 年在徐家耀先生的记忆中最为亮丽。他说，那一年，茶叶大丰收，他所在的曼董收购点，有一天就收茶近 3 万斤，而全厂有一天就收了 8 万斤，把整个厂房都堆满了。

到 1992 年元旦退休，徐家耀的一生，有 38 个年头几乎都行走在收购茶叶的路上。

他说，当时在乡下，一天收茶几万斤，收到深夜，运送回厂，差不多天都亮了，但仍然接着收，不喊苦，不叫累。对现在一些年轻人的工作作风，他不以为然。最令徐家耀先生骄傲的是，经过他的手的茶叶千万，可他从没做过一次坏茶！

对在勐海茶厂当了 29 年厂长的唐庆阳先生，老徐至今仍心怀敬畏。他曾因业务分歧跟唐厂长吵过架，但他说："老厂长不记仇，也不整人，当然，前提

是，你必须踏踏实实地做事。"也许正是因为唐庆阳身上有着撼人的人格魅力，加之管理能力和业务素质出众，所以才在短短几年间，在废墟上重建起了勐海茶厂。唐庆阳被调走的时候，多少老茶人依依不舍；唐庆阳逝世的时候，上级部门本来不打算"大操大办"，可消息被茶厂职工知道后，每一个车间便自动停工，每一个职工都加入了送行的队伍。

退休的徐家耀给现在的厂班子提了5条建议：

（1）返聘技艺精湛的老茶工，并让他们有职有权，进行传、帮、带；

（2）在收购一关，务必实行严格的典章制度，杜绝吃回扣或伤农；

（3）把包装库存和调运的损耗率控制在1‰之内；

（4）多收春茶，春茶不仅口感好，而且卖相也好，为此，要竭尽全力；

（5）在收购点，财务人员要尽量少用男同志，多用女同志，男同志容易出事。

对于在乡下收购点所历经的艰苦岁月，宋晓安无言，徐家耀坦然，杨学仕则说："年轻时，又没病，叫去就去，心里很愉快，何况所做的事情是自己应该做的。"

桃李不言，下自成蹊。普洱茶能有"茶中之茶"的美誉，能在国际市场上"兴风作浪"，一个重要的前提是：有一大批像宋晓安、徐家耀和杨学仕这样的老茶人，他们在茶山之上，默默地奉献着自己一生中最动人的时光。

马帮小记

在 1965 年以前，勐海茶厂的茶叶调运多用马帮或牛帮。厂里设有一马帮队，有职工 22 人，牲口 101 匹，除一匹母马外，其余都是骡子。22 名职工，一人搞财务，一人管伙食，剩下的 20 人则每人管 5 匹骡子。一个赶马人和 5 头骡子，人称"一把"。

"20 把"运输马队，浩浩荡荡地开往各个收购点，又浩浩荡荡地把茶叶运回或运往外地，这在汽车业发展迅猛的今天，其景象不但不给人原始落后的感觉，相反有一种震撼，有一种我们无力把握的穿透力，让人怀念。

在当时的赶马人中，有一位名叫刘廷才，原系凤庆茶厂的赶马工，1954 年调至勐海茶厂。此人在 1937 年被抓壮丁，成了国民党第六十军的一个士兵，在越南战场抗日。1945 年，日本战败投降，可不久内战又爆发了，六十军从越南海防调往东北，刘廷才此时亦成长为曾泽生将军手下的一名炮兵班长。东北战场，国民党军队大溃败，刘廷才随曾泽生将军起义，成为解放军中的一员，且一路向南，身经百战。成都解放战结束，刘廷才所在部队被调往河北修建黄河大堤，不久，又调往东北，成为志愿军入朝鲜战场的先遣军。在朝鲜战场上，刘廷才受伤成了三等伤残，遂于 1953 年底转业至凤庆茶厂。17 年戎马生涯，刘廷才获得了 6 枚军功章。

在勐海茶厂当赶马人，刘廷才走遍了勐海茶山。可到了 1958 年，"反右运动"中，他没能幸免，且坐牢至 1988 年才平反昭雪。整整 30 年，他一直待在普文劳改农场。当获知被平反时，他已释然，并没有返回勐海茶厂。

与刘廷才的传奇经历相比，已经 87 岁且四世同堂的老赶马人项朝福，则显得一生平静。87 岁了，仍一双拖鞋，手提一大茶缸，来去如风，身体好得令人羡慕。现在，他儿子都已经退休了，可他说，1974 年时，他才 62 岁，本来一点也不想退休，还想干活，但硬让退了，退休后的 25 年没事干，心里很空。

对一些传说中的马帮历险故事，项朝福不屑一顾，他认为那是编出来的。从小就跟马在一起的项朝福几乎没遇到什么生死攸关的时刻，最大的历险是，有一次过竹桥，马驮子碰到两边的护栏，竹桥摇晃不止，有桥翻的危险，但他迅速解决了：让马停下，马驮子则由自己搬到对岸。

1964 年，勐海茶厂有了一台汽车，是苏联产的"吉尔"卡车；20世纪 70 年代，马帮队彻底消失，项朝福在退休前当起了锅炉工。

关于运茶时容易被雨水打湿并后发酵一说，项朝福老人认为那是没赶过马的人乱说的，是想象。他说，每次上路，都有避雨之物，且茶叶都用上等竹箬包扎，怎么会被雨淋？

茶山情歌

有必要讲讲勐海茶厂新一代茶人中的典型代表——陈平的故事。在勐海采访时，他还是厂长助理，现在他已是勐海茶厂管生产的副厂长。

陈平，生于1966年10月4日，勐海人。1984年考入勐海县职业中学茶叶专业，1987年毕业时与另外32个同学一起分入勐海茶厂工作，先是在勐宋，后又到勐混，1988年8月8日，上了布朗山，1995年布朗山分厂建成投产，1998年任分厂副厂长，1999年任分厂厂长至今（兼）。

在布朗山，从1988年开始至1999年12月奉调回勐海，陈平待了12年。

初上布朗山时，没有女同志，8个人，除岩班年纪稍大外，其他都是年轻人。

那时的布朗山基地，除了带刺的茅草外，其他植物还是茅草，它们盘根错节，把一万亩土地牢牢地连成一体。勘察时，年轻人没有被吓倒；修路时，年轻人没有退缩；民工进来，要把一万亩土地深翻一次，将其厚厚的草根层剥掉，年轻人也没有选择离开……

布朗山雨量充沛，尤其是雨季，雨水的来临，仿佛是天漏天裂。大雨毁了去县乡的公路，经常把8个茶人困在一座"孤岛"上。这种时候下山或去乡里，都得走5个小时，去县里，得走5个小时到勐混，然后再坐车。基地没有日用品，所以他们每次外出，都要带足可用3

个月左右的各种食品和日常用品。有时，厂里的运输车上不了布朗山，没粮食了，他们还得去拉祜族寨子购买。有时候，与四周失去联系，每顿饭都是用盐巴泡了吃，外带一个辣椒；丢了的猪皮，又捡回来，烧了吃。香烟是奢侈品，抽光了，就在房子里或者茶园的路边去找烟头收集在一起，用电炉烤干，裹起来，再抽。

在 1992 年布朗山基地通电之前，他们总是天一黑就睡觉，没任何娱乐，群山之间，一座小房子，那空旷、那荒凉、那寂寞，让人心颤。那时山上还有野兽出没，特别是老熊。

由于封闭，附近的拉祜族人见到他们就躲开了，懂汉话的人更是少之又少。拉祜族人当时的牛畜还保持着放养的习惯，像野兽一样。要用时或者宰杀时，才把盐巴放到其出没的地方，让其吃，使其吃惯了，然后才哄回去。有时，若是要宰杀，纯粹用枪击杀，与对待野兽没什么两样。

这些牛，常跑到陈平他们住的小屋周围来，晚上拱门，常被疑为熊，吓得他们不敢呼吸。

刚来的时候，布朗山基地没有房子，什么都没有，陈平及他的同事都住在几里路之外的班章村，后有了一间油毛毡加草的小房子，后又有了油毛毡加竹篱的房子，1992 年才正式建起水泥厂房及办公楼。

1990 年，一个叫仓凡和另一个叫杨学丽的女孩踏上了布朗山，尤其是仓凡的到来，改变了陈平的一生。在今天看来，当时的布朗山"八君子"，仍留在布朗山的只剩下了两人，即陈平与岩班，其他人或调走，或辞职。如果没有仓凡，陈平又会怎样，我们不得而知。

仓凡上山，既是仓库管理员，又是小卖部的售货员，她和陈平所住的油毛毡房，中间只隔着一层油毛毡，平常睡觉，呼吸的声音或者翻个身都听得见。没事的时候，两人就隔着一层油毛毡吹牛，渐渐地就好上了。次年，仓凡被调往 45 公里外的曼恩，两人鸿雁传情，书信频频。

1992 年，陈平和仓凡两个新一代茶人组成了家庭，可由于一个在布朗山，一个在曼恩，厂里分给他们的 10 平方米的洞房一直空着，几乎都没去住过。

在基层滚打了 12 年，陈平掌握了一身制作各种精品茶的好技艺，加之有管理经验，其负责的分厂从未出现过亏损，而且他对茶痴迷如初，所以深受厂部器重，后不仅分管布朗山，还分管了巴达和南糯山两个基地。勐海三大茶山都由其分管，成了名副其实的"山大王"。

同为新一代茶人，现勐海茶厂厂长阮殿蓉对陈平的评价颇高。而我们也相信，在新一代茶人手中，勐海茶厂将会创造出更大的辉煌。

因为他们同样历经了创业的艰辛。

因为他们一样爱茶、迷茶。

因为他们还很年轻。

勐海茶厂记

第五篇

一

1938 年 12 月 26 日，对于云南茶史来说，无疑是一个重要的日子。这一天，由"民国政府经济部"下辖的中国茶业公司与"云南全省经济委员会"合资创建的"云南中国茶叶贸易股份有限公司"正式成立，办公地点设在昆明市威远街 208 号，董事长为缪云台，经理为郑鹤春。

云南中国茶叶贸易股份有限公司即今云南省茶叶进出口公司的前身。该公司成立之初，本着"开发滇茶，增加资源，改良制法，另辟欧美新市场"的宗旨，在 1939 年，相继建立了顺宁茶厂（凤庆茶厂前身）、佛海茶厂（勐海茶厂前身）、康藏茶厂（下关茶厂前身）、复兴茶厂（昆明茶厂前身）、和宜茶场（宜良茶厂前身）。1940 年，该公司又在昆明正义路中国百货公司内设立了茶叶经营部，在四川宜宾设办事处推销沱茶和红茶，在丽江设营业处经营丽江及康藏的紧茶和饼茶。

"四厂一场三个营业机构"的设置，现在看来，可以说是云南茶业向世界发起的第一次集团性冲锋。

勐海作为当时的"瘴疠之区"，却被选为"思普地区"茶业的象征而设厂制茶，这绝非偶然。1989 年 11 月 2 日于美国病逝的、享年 84 岁的原佛海茶厂厂长范和钧（亦名樱）先生，曾有专文介绍建厂情况，其间所列是为事实，当袭列于后。但在袭列该文之前，应当先对范和钧先生做一些简要的介绍，这对今勐海茶业界人士及勐海

茶厂的职工了解厂史有着非常重要的意义。

范和钧（1905—1989年），男，汉族，江苏常熟人。1924年毕业于上海浦东高级中学，获学校公费奖学金资助留学法国，就读于巴黎大学数学系。1928年因公费断绝开始在法勤工俭学，1930年秋返回上海，任法国驻沪商务处翻译。后结识茶界知名人士周觉农先生，被介绍入上海商品检验局任茶师；1936年在上海参加中国茶叶公司的筹组工作，任首任技师；抗日战争爆发后，1937年7月随公司迁汉口，旋赴江、浙、赣和两湖茶区考察研究，与吴觉农合著《中国茶业问题》一书；1938年负责创办湖北恩施实验茶厂，制作机制红茶成功，并销往重庆；1939年由中茶公司调往云南，创佛海实验茶厂，推广机械制茶；1941年茶厂投产；1942年因日军逼近，奉命停产调回昆明；1943年赴重庆任复旦大学茶叶系教授；1945年离校自办茶厂，后赴台湾任茶叶技师及中坜情制茶厂和三义粗茶厂厂长；1979年退休定居美国；1985年曾应中国民进中央委员会之邀，先后在北京、昆明、南京和上海等地参观访问；1989年11月2日病逝于美国。

创办佛海茶厂的回忆（节选）

◎ 范和钧

一、中茶公司的成立与恩施茶厂的开办

1936 年夏，南京举办全国手工艺展览会，上海商品检验局承办中国茶叶特展。展室悬挂两幅世界产茶国的巨型图表，触目惊心地显示出，近百年来世界产茶国家茶叶产量直线上升，与我国茶叶出口数量逐年下降，形成了强烈的对照。观众莫不痛感国茶生产的危机，势非急起直追不可。

1937 年春，中央经济部周贻长次长，在沪召开中国茶叶公司筹备会议，我有幸应邀出席。会议决定由皖、赣、湘、浙、闽产茶省份，每省各出资 20 万元，由中央经济部及各大私营厂商集资 200 万元，成立中国茶叶总公司，由经济部商业司司长寿景传任总经理。讵料是年 7 月，抗日战争爆发，东南各省茶叶产销相继停顿，中茶公司分公司迁往汉口，并在湖北恩施筹办恩施实验茶厂。由我负责设计创制各种制茶机械，采用大规模生产方式机制红茶，替代老法落后的手工操作，产品悉数运销重庆，畅销后方，成绩显著。由于采用科学机械制茶，既提高了茶叶品质，且为发展国茶外销开辟了光明的前景，并为今后国内各地办厂提供了样板。

二、云南中茶公司的设立与佛海茶厂的筹建

但是，要在佛海办厂，并非易事，必须进行艰苦的斗争。因为佛

海地区一向被视为"瘴疠之乡",人烟稀少,但每年死于恶性疟疾者却为数甚多,人们视为畏途。当地居民刀耕火种,生产原始,生活简单贫苦,社会环境、商业条件还很落后。以货易货是当时当地的主要贸易方式,还有日中为市的古风,纸币却不易通行,成为贸易的重大障碍。该地气候全年分干湿两季,湿季淫雨不绝,为制茶季节;干季为茶叶包装运销季节。

（一）建厂人员资金物资的筹备

1939 年冬,我和张石城先生带着考察资料及样茶取道思普返回昆明,将调查结果报告中茶公司董事会。滇方代表缪云台董事长在私宅设宴,席间研究了佛海的自然、社会条件及产茶的情况与前景,做出创办佛海实验茶厂的决定,委托我担任厂长,茶厂开办费定为 5 万元。另筹资金 50 万元,成立佛海服务社,茶厂所需营运资金悉数由服务社提供,不另投资。云南省政府为在佛海地区推行使用法币,委任华侨梁宇皋先生为佛海县县长,协助我们开展厂务。

　　1940 年春，正式开始建厂。我首先飞往重庆，请求中茶总公司调用原恩施茶厂初制茶工 25 人、江西精制茶工 20 人。另请滇茶公司支援云南茶叶技术人员训练所见习学员 20 人，同时由宜良茶厂殷保良技师在宜良雇佣竹篾工 5 人，由殷保良带队。茶厂首批职工 90 余工人，由宜良搭车到玉溪，然后雇用马帮经峨山、元江、墨江、普洱、思茅、车里等地，长途跋涉月余，安全到达佛海。

重庆事毕，我即前往上海，聘请了电气工程师、医生及铁工等五六人；为茶厂采购了各种机器设备、医药器材、防疟药品；又为佛海服务社向"中国百货公司"采购了傣族妇女喜爱的大毛巾、纱头巾、毛巾毯、热水瓶、儿童玩具等日用百货，用木箱包装海运至曼谷，委托当地侨商蚁美厚先生运往缅甸景栋转到佛海。

我从上海返滇途中先抵曼谷，和旅泰侨商蚁美厚先生接洽，采购了部分制茶机器，其中所购的拣梗机，在我国尚属首次进口。随后我又前往仰光，为茶厂采购水泥、钢筋等建厂须用的建筑材料，后才离开仰光搭车赴景栋，由旱路返抵佛海。

（二）自力更生，兴建厂房

经过我们一年余的艰苦筹备，人员、资金、机器、物资各个方面有了基础，才为建厂准备了比较成熟的条件。紧接下来的任务便是选择厂址和兴建厂房。按当时的情况，佛海的土地还没有所有权归谁所有的问题，谁要使用土地，只要向当地土司提出申请，得到头人的同意，即可占用。森林木材也是无主之物，自由伐用，只有毛竹是当地居民种植的作物，不得侵占，须通过购买或易货才能获得。

我们选择的厂址在佛海市集中心附近，是一块八十余亩的荒地，后有丛林小溪，前有市场大道，交通甚为方便。就地取材和自力更生是我们兴建厂房的两条基本原则。厂址既定，我们就派出伐木工人到附近深山砍伐木料，就地锯制成材，大批毛竹购自当地居民，为建盖厂房宿舍备用。同时，部分木工赶制桌椅床屉等生活用具及各种生产工具。

　　这时厂里还雇用了民工在厂后的稻田里挖泥刨土，制成土砖及土壤烧成的红砖二十余万块，在厂房周围筑起了一堵九尺高的围墙，厂内职工自力更生，同甘共苦，与民工一起，日夜兴工，砌砖垒墙，架梁盖顶，厂房、宿舍一幢一幢地矗立起来；从根本上改变了昔日荒原的本来面貌。

　　（三）建厂两年

　　创业是艰难的。厂房建成了，制茶机器运转了，当第一批茶叶生产出来的时候，全厂职工心情激动，满怀喜悦。两年来，我们一边建厂，一边发展滇茶生产，开展滇茶外销，繁荣了当地的经济，改善了边民的生活。我们的贡献虽然微薄，但精神上却得到了很大的安慰。事情都不会是一帆风顺的，困难与成果往往是共生的，克服的困难越大，收获的成果越巨。我厂在发展茶叶生产、扶助茶农茶工、维护国家经济利益的过程中，曾经解决过不少困难问题，略举数例如下：

1. 发展紧茶生产，扶持茶农茶工

佛海是藏销紧茶的重要产地。紧茶是藏族同胞一日不可缺少的生活必需品，销藏紧茶每年为数可观。紧茶制作并不复杂，每年冬季将平时收购积存的干青毛茶取出，开灶蒸压后，装入布袋，挤压成心形，然后放置于屋角阴冷处约 40 天后，布袋发微热至 40℃左右，袋内茶叶则已发酵完毕，解开布袋，取出紧茶，再外包棉纸，即可包装定型，等季节性马帮到来，便可装驮起运。先到缅甸景栋、岗巳，转火车到仰光，搭轮船到印度加尔各答，转运到西藏边境成交。

由于茶农茶工本小力微，往往被当地士绅操纵，从中备受剥削，生计困难，生产的积极性受到束缚。我佛海茶厂为了扩大紧茶生产，扶助茶农茶工自产自销，凡自愿经营紧茶业务的，皆可由我厂出面担保，向当地富滇银行贷款，制成紧茶后，交由我厂验收，合格者由我厂统一运销，售出后所得的茶款，减除各项费用及开支后，余数全归生产者所有。因此，大大地增加了茶农茶工的收入，改善了边民的生活，提高了生产积极性，从而发展了紧茶的生产。

2. 与印度力争豁免紧茶的进口税和边境税

太平洋战争发生以前，印缅本来同属英国殖民统治，印缅两地货物进出均作为在一国国内的运输处理，素来免税。但印缅分治后，紧茶由缅甸仰光运到印度加尔各答登陆，要上进口税和边境税，印度海关人员认为茶叶乃印度特产，进口税很高，转口税也不轻。此次紧茶到达印度，突然要交纳进口税和过境税，佛海厂商毫无思想准备，茫

然不知所措。我厂以事关紧茶外销，并危及厂商和茶农茶工的切身利益（为由），立即向滇茶公司提出申请，由缪云台董事长商请"中国银行"外汇业务专员蒋锡瓒先生赶赴加尔各答，委托"中国驻印领事"黄朝琴先生一再向印海关交涉，据理力争：紧茶是专销藏族同胞的，并不进入印度市场，而且印度并不生产紧茶，紧茶与印茶毫不存在竞争销路问题。最后设法让印英海关人员到仓库中验看紧茶品质，印方人员方知紧茶系用粗老之茶叶压制而成，专为藏族同胞所饮用，并不影响印度的经济利益，这才同意仍按过去惯例免税放行。由于我厂的及时行动，使国家和厂商与茶农茶工免遭经济损失。

3. 解决佛海外销茶结汇问题，使产销得以顺利进行

1941年冬，中央政府外汇政策规定：一切外销茶叶所得外汇，必须结汇给"中央政府财政部"，关于佛海外销茶结汇问题，由滇中茶公司会同佛海茶厂办理。中茶总公司乃令滇中茶公司通令佛海茶厂承办，海关则严格取缔外销茶私运出境。

佛海虽属边城，驻有海关人员，但佛海并非茶叶成交之地。茶叶必须外运，经过滇边打洛关出境后，通过缅印两地运到西藏边境才能成交，才能获得外汇，事实上不可能在佛海结算外汇，佛海根本没有外汇来源。经我厂与海关人员多次协商，采取两全的办法，即茶叶出口时，许可用书面具结运输，先行出口；然后再结算外汇。海关及当地厂商都认为此法可行，并由海关方面通令执行。由于结汇问题得到圆满解决，外销茶叶才能得到贷款，这才保证了茶厂的产销得以顺利进行。

三、坚持建厂，悲痛撤退

太平洋战争发生后，1941 年日本侵略魔爪伸向南洋，战火迫近
缅泰。佛海地区遭受日机轰炸扫射，人心惶惶，动荡不安；昆明中茶
公司电令茶厂职工全部撤退至昆明。这时我厂建厂任务正进入全面完
成的最后阶段，全厂职工接到撤退的电令，莫不心情沉重，不由激起
了我们心头的怒火，我们绝不甘心，我们一定要在撤退之前，把我厂
全部建成，以表达我们对日本侵略者绝不屈服的决心。全厂动员，上
下一心，加班加点，赶装发电机器。一周后，机房供电，全厂灯火通
明，显示我们终于完成了建厂的历史任务。同时，机声隆隆奏出了我
们撤离前的悲痛心情。翌日，全厂职工将刚刚安好的机械和一切原有
的设备；一一拆卸装箱驮运到思茅，主要机器沿途寄存民间保管，全
厂员工除本地人员留守护厂外，其余人员全部撤离。临别之际，大家
欲哭无泪，欲语无言。回想当初，大家本着抗战到底的决心，离乡背
井，辗转流徙，来此瘴疠之乡，穷年累月，为滇茶事业流血挥汗，一
旦撤离，怎不令人心碎？每念及此，心潮起伏，不禁使我夜夜不能寐。

值得欣慰的是 1949 年春雷一声，全国获得解放，佛海茶厂获得
新生与重建，西双版纳恶疟几乎绝迹，成为国内外观光旅游的胜地，
佛海生产的红碎茶已在国际市场赢得崇高的声誉。侨居海外的我，十
分兴奋，衷心祝愿祖国茶叶生产日新月异，蒸蒸日上，前途无量！

　　此文完成的时间，当在1979年范和钧先生退休移居美国之后，也就是说，是范先生在74至84岁这一年龄段写下的。或许是因年事较高之故，其间茶厂的建厂与生产情况交代得不是特别清楚。1944年之后茶厂恢复生产这一情节，也无记录，至于抗日战争胜利后又告停业之因，更是无从考证。据我手中掌握的资料记载：1941年，佛海实验茶厂即已开始生产红茶、绿茶及紧茶圆茶，并创制了一批以嫩芽为原料的白茶，此茶形直如针，冲泡后茶芽直立水中，颇受消费者欢迎。据1938年就从昆明到勐海的、现年86岁的张存老人回忆，当时的佛海茶厂生产红茶、炒青、沱茶，甚至还生产过龙井茶。对生产普洱茶的场景，张存老人更是记忆犹新：用一个刻着"普洱茶"字样的木模，填进茶叶，然后用甑子蒸，热蒸后，"普洱茶"字样就印在了茶上……

对于建厂之初，所有佛海茶厂职工由昆明至勐海那一为时长达月余的大迁徙，由于范和钧先生取道重庆、上海、仰光，然后再辗转至勐海，未曾随队，因此言语简洁。可在张存老人的回忆中，那是一次艰苦的"大进军"。

范和钧先生称，当时职工九十余人，可张存老人认为是百余人，且随行的不仅有富滇银行的职员，还有一个姓袁的连长率领的一个连的士兵护送。按张存老人所说，至景洪时正逢傣族人过傣历年（4月15日）推算，这支有马匹百余的"马帮"队伍，出发的时间应是3月中上旬。他们带着制茶的诸多器械、行李用具，富滇银行的职员则带着"红红的、印着孙中山先生头像的滇票"，在袁连长的队伍的护送下，先是坐着"一种烧煤的车"到玉溪，在玉溪住了一个星期，原因是"等范厂长"，同时是为了在玉溪雇佣马帮。从玉溪出发，第一天夜歇浑水塘，第二天夜歇新平，第三天歇甘庄坝，第四天到墨江，然后至普洱、思茅、普文、车里……其间曾在墨江滞留了4天，在普洱滞留了2天，在车里（现景洪）则因过傣历年，也滞留了3天，到达勐海，足足走了1个月零5天。

去勐海，一群由内地人组成的制茶队伍，用双脚丈量着大山大水的云南高原，而且目的地是瘴疟之区，就是马帮也只能视季节而深入的边地，横穿的地方又匪患连连，我不知他们中是否有人想过逃离，是否有人哭过。唯一健在的张存老人又因少年时代父母双亡而饱尝了人世的艰辛，所以对此次旅行只以"艰苦"二字来概括，可他们中的湖北人、江西人又该有怎样的体会和感受呢？我不得而知。

张存老人显然记忆有误，他说，在那次长途跋涉中，"范厂长和他的爱人都坐滑竿"，长长的队伍，不管经过哪儿，都要半小时左右

才能走完，在崎岖的山道上，首尾根本不能相望。而范和钧先生所言：
"重庆事毕，我即前往上海，聘请了……医生及铁工五六人"，其中的
医生即范先生的爱人，她从玉溪坐滑竿，一直坐到了勐海。但也正是
因为有了她，路途之上，凡有人生病，即可随时吃药打针，用张存老
人的话说："所以，没有人病死在路上。"

　　尽管佛海茶厂的历史如白驹过隙，可这次茶叶专业技术人员向勐
海的大迁徙，揭开了勐海机械化产茶的序幕，加之随后这批人在勐海
所搞的科技推广、紧茶收购加工（据刘献廷先生《佛海茶庄发展史略》
一文称：1940年，佛海茶叶试验厂，抛出大量资金高价购买已加工紧
茶，原来在佛海，紧茶售价每担20至25元，今出价每担30元……
年产紧茶三万五千余担，圆茶七千余担，创佛海最高年产量）、机械
化生产及茶叶知识的传播，为之后的勐海茶业及勐海茶厂的重建与崛
起，打下了坚实的基础。

　　在此需要补充的是，1944年，佛海实验茶厂一度恢复生产，当时
范和钧已任复旦大学茶叶系教授，该厂由谁主政，不得而知。《云南
茶叶进出口公司志》第33页也只记载："恢复生产红茶43担，收购
当地私商紧茶3 268驮。"

二

　　在为现勐海茶厂寻找"前身"的时候，一个叫白孟愚的人是和范
和钧一样重要的人物，是不能被遗漏的。从历史学的角度看，白孟愚
较于范和钧，对勐海茶业的贡献甚至更大。

据《勐海县志》载：白孟愚（1893—1965年），回族，云南个旧沙甸人，笃信伊斯兰教，曾两次到麦加朝觐。少时就读于云南省政法学校，后曾在故乡创办教育。1932年，他被当时的云南省政府派到思茅、普洱一带办理盐务和税务，在此期间，他深感大有发展边疆少数民族地区生产的必要。1935年，他到西双版纳地区考察茶、矿、农等情况，看到该地大片荒山平坝土质肥沃，水源充足，物产丰富，更加坚定了其开发边地的志向。1936—1937年两年间，他先后到广东、湖南、湖北、江西、上海、北京等22个省市考察，并前往日本学习茶叶及农作物栽培技术。回国后，他上书当时的云南省政府，力陈国富民强之策。1938年，云南省财政厅采纳了他的建议，筹建"思普区茶业试验场"，且于现今勐海境内分设了第一、第二分场，采选国内优良茶种试种，采取梯台栽种，实行科学采摘和管理。1940年，佛海总场成立，他任场长。

白孟愚在南糯山茶园中心区建立制茶厂，从印度引进制茶机，从沪杭选聘十余名高级制茶技师，改变了传统的制茶方式，制出的红茶和绿茶质优价廉，供不应求。他是云南茶叶史上的"红茶第一人"，当地老百姓称其为"孔明老爹在世"。

与范和钧高价购买紧茶帮助当地茶农茶工致富不同，白孟愚供给茶农茶种，鼓励当地人以种茶的方式带动农村经济的发展，并在垦殖过程中，大力传播先进的种植技术。为大力发展生产，他还动员沙甸回族乡亲，先后迁移二百余人到勐海；在推广新技术方面，勐海人第一次用上了个轮蝶耙、中耕机和印度式犁等农耕工具，也第一次住进了砖房；同时，为全方位带动勐海地区的经济发展，他还建起了樟脑培植场和志安纺织厂……

在白孟愚的苦心经营下，南糯山茶厂达到了年产 2 000 担机制茶的水平，南糯山种茶达到了 10 万株，昔日的边地，还建起了球场、职工医院、娱乐场所等。

在原佛海实验茶厂职工张存老人的记忆中，当范和钧的制茶队伍浩浩荡荡开进勐海的时候，白孟愚的南糯山茶厂早已开始生产成品茶。两个茶厂尽管后来都成为组建勐海茶厂的原始基础，可在当时，却分别代表地方政府和中央政府。张存说，两个茶厂先后建起，为了争夺市场，两厂之间甚至发生了冲突，而结局是，范和钧假驻勐海部队之手，挤走了白孟愚（笔者注：驻勐海部队的师长是范和钧的老同学）。这一没有史料记载的个案，在张存老人的记忆中，却显得无比的鲜活："在李师长的帮助下，白厂长被挤走，远走缅甸，南糯山茶厂就归佛海实验茶厂了。他们的机械有揉茶机、烘茶机、切茶机和分筛机，都是从英国（印度）进口的，好在我们有一个技师是广东人，懂这些机械，于是我们就上了南糯山。当时我搞的是收鲜叶，南糯山 9 个僾尼人寨子都产鲜叶，一天可收七八千斤，最多时可收一万斤。与我配合记账的人，还是个女同志，姓左，她经常算账到深夜。"

张存老人的回忆，根据《勐海县志》所载白孟愚先生于 1948 年 11 月卸任"出国侨居缅甸"的事实来看，显然有值得商榷之处。86 岁的老茶人的记忆，是否将 1952 年重返勐海上南糯之事，提前到了 20 世纪 40 年代初？但不管怎么说，它还是让我们明白了这样一个事实：佛海茶厂与南糯山茶厂归并的时候，张存老人是见证人。

在白孟愚所建的南糯山茶厂的背后，是一座秀美的山峰，竹木掩映，苍翠欲滴。带有法式风格的厂房，在树、风、溪声和鸟鸣之间，60 余年的岁月仿佛寂灭了，又仿佛还凝集在一株株仍保留完好的栽

培型大茶树上，它同样在 2000 年 4 月春天的光照下，像一张张鲜叶，泛动着迷人的光芒。

现在的南糯山属勐海县格朗和乡所辖，"格朗和"一词系僾尼语，意即"得吃得穿，日子好过"。据勐海广播电视局局长段金华先生称，僾尼人因信奉多神，故易散，大凡寨子大了，都要分开，所以每寨都有"新、旧""大、小"之分。比如南糯山茶厂背后的山峰之上，那接着云端的地方，有一个美轮美奂的村子，它的名字就叫"大石头寨"。

曾担任过勐海茶厂南糯山分厂厂长的杨开当先生，就出生在大石头寨。他是僾尼人，现已退休。在他的回忆中，到处都浮动着白孟愚的影子，在他的叙述中，白孟愚更像是一个传说。现将其有关白孟愚与南糯山的叙述整理如下：

杨开当先生回忆录

白孟愚是 1938 年来到南糯山的。

据爷爷讲，白孟愚第一次来的时候，还带着地质专家和建筑师。他们选了很多地方，最终还是选择了南糯山。

我的爷爷是大石头寨的总叭（大管事），所以，很多事情，白孟愚都需要我爷爷帮忙，比如建筑用工、建材等。由于白孟愚常来找我爷爷，且他又是一个虔诚的伊斯兰教信徒，生活很不方便，为此，我们家还特意为他准备了一整套的餐桌、椅子及饮用工具。

南糯山茶厂的机器全部从加尔各答运来。先是海运到仰光，然后又运到缅甸景栋。从景栋运到南糯山，全用牛车拉，一辆牛车 3 头牛，还得配 15 个精壮汉子，他们有的拿着斧子，有的拿着锯子，逢山开路，见树砍树，见沟填沟，往往一天时间只能走一公里左右的路程，从景栋到南糯山，足足走了半年多。10 架牛车拉机器，能拆散的都拆散了，只有揉茶机的底盘拆不开，运到南糯山时，寨子里的十多个人去搬，根本搬不动，太重了。为了应对机械设备在生产过程中的耗损，他们还运来了一台机床，配有一个叫"大老黄"的技术师，他的任务就是制作零部件，因为当时的南糯山，连钉子和螺丝都找不到。

南糯山茶厂是 1941 年正式投产的，主要是做碎红茶，专销英国伦敦。制作碎红茶，要求茶叶不仅要嫩，而且要鲜，不能让太阳晒，采茶时，箩筐里一律要用芭蕉叶垫着，装满了，也不能用手压。当时的茶树不修剪，都是些大茶树，人必须爬上去才能采摘，而这种时候，茶树底下都要铺一层芭蕉叶。

白孟愚和范和钧，白孟愚是当时的省政府派来的，而范和钧则代表当时的中央政府，他们之间竞争很激烈，都是为了争夺原料市场。其实，当时的佛海茶厂产茶还没有南糯山茶厂产得多。他们两个人的到来，把一些私茶老板都挤垮了，没垮的也只能算是苟延残喘。白孟愚的实力非常雄厚，除了在南糯山办了两个茶厂外，还在勐遮办了个农场，在曼真办了纺纱厂，在勐海办了个盐厂。每到收春茶的时候，他就把村村寨寨的头人全召集起来开会，一人发一床毛毯，然后打招呼，春茶必须全部交售给他。

白孟愚平时都住在曼真，但他仍经常来南糯山，骑马，留着山羊胡须，穿对襟衣服，瘦高个，四十岁左右的样子。但是，非常奇怪，每次来南糯山，他都是夜间来；前面一个人牵马，背后跟着两个保镖。在南糯山，不管是去做客，还是走哪儿，都有人提着大汽灯给他照明，大汽灯的光，白晃晃的。

南糯山茶厂的工人都配有枪，所以土匪都不敢来抢劫。另外，白孟愚还配有发报机，他的消息非常灵通。不过，白孟愚是个性格非常温和的人，很有修养，从来都不见他打人或者骂人。有一次，他的一个工人去乱砍树，与树的主人发生了冲突，当时，由于我的爷爷病在床上，没能及时化解，结果，砍树的人反倒把我爱人的叔叔抓了起来，导致南糯山的村民把茶厂围了个水泄不通。白孟愚知道这事后，马上通知放人，还到寨子里来道歉，同时当即赶走了那个砍树的人，使这件事没酿成大的事端。

　　白孟愚离开南糯山的时间大约是 1948 年，当时我已经 12 岁了。他离开时，把茶厂移交给了当时的思茅专区的专员，他们两人都在，我还跑去看了他们。离开勐海后，白孟愚先是到缅甸，后又到了老挝的拉布拉巴，后来又听说他去了泰国。他最想去的是阿拉伯。1960年初，他又曾想回国，可最终他既没去阿拉伯，也没回国，而是于 1965 年，病死在异国他乡。

　　白孟愚离开南糯山后，茶厂一度荒废了。由于他进的机械都是黄铜做的，有的条子还被附近的一些老百姓偷出来，当作黄金卖。

　　1953 年，南糯山茶厂恢复重建，二厂的厂长是一个南下干部，名叫赵继南，后调一厂任厂长，二厂厂长由张泉担任。

　　1954 年 8 月，一厂移交中茶公司，由勐海茶厂管理；二厂则继续由省茶科所管，直到去年，才又由勐海茶厂管理。

在杨开当先生的回忆中，白孟愚的工人都配枪，对此，《勐海县志》则是这样记载的："他（白孟愚）还组织厂游击队，配合国民党第六军九十三师防守边境。厂队常埋伏丛林中，注视日军。日军每来侵扰试探，均被击退。"

据诸多资料及当事人的回忆，我们也就可以得出这样的结论，如果说范和钧构建起来的是勐海茶厂的骨架，那白孟愚则为勐海茶厂作出了大量的人文准备，而他率先在云南，特别是在勐海生产碎红茶，为勐海茶厂之后生产"滇红"广开制茶门路打下了良好的基础，并在民间做好了充分的技术性准备。最令人振奋的是，无论是佛海实验茶厂，还是南糯山茶厂，它们起点之高，创办人的敬业精神之坚韧，经营目标之远大，现代化作业的科技含量之高，道德义务之强烈，在20世纪40年代的中国茶叶界，都可视作典范。

三

　　香港地区著名美食家、茶博士蔡澜，1995年曾发表过一篇文章，名叫《普洱颂》。该文在阐述了香港人爱喝普洱茶的缘由之后，笔锋一转，如此写道："普洱茶已成为香港的文化，爱喝茶的人，到了欧美，数日不接触普洱茶，浑身不舒服。我每次出门，必备普洱。吃完来一杯，什么鬼佬垃圾餐都能接受。移民到国外的人，怀念起香港，普洱好像是他们的亲人，家中没有茶叶的话，定跑到唐人埠去喝上两杯……"由此可见，在香港，阮福所述"普洱茶名遍天下。味最酽，京师尤重之"。应当改为"港人尤重之"了。据中国农科院茶叶研究所原专家、中华茶文化研究中心原董事长、现居香港的陈文怀先生所著《港台茶事》一书载："香港每年要销五六千吨普洱茶，平均每人每年差不多要喝1公斤，像蔡氏（蔡澜）这样的'茶博士'，每年没有上10公斤是过不了年的。"

　　《港台茶事》一书共出版了两次，第一次是1997年8月，书的"自序"写于1997年春。在序文中，陈文怀先生说，该书写成于1985年之后。也就是说，"香港每年要销五六千吨普洱茶"就是最近几十年的事情。

　　五六千吨，这不是小数目。勐海县1998年产茶6909吨，如果全制成普洱茶，也只够香港之用。

　　香港不产茶，却是中国的一个品茶之都。香港街头，入目皆"茶"字，茶行、茶庄、茶楼、茶室、茶寮、茶座、茶餐厅、凉茶铺，比比皆是。能有这般茶文化气象，显然也非一日之功，没有百年时间的造化是难以如此的。邓时海先生曾说，现在要寻普洱茶的陈年极品，非香港老茶铺不得。

陈年普洱存香港，再加之今日香港普洱茶之盛，我之叙述，目的在于"牵强附会"地引出1951年重建勐海茶厂的必要性。特别是针对"海外"市场，勐海茶厂作为"普洱茶"的象征，亦作为云南茶都的品牌之一，自1943年正式停业后，其重建工作，到了解放初期，已成为云南茶业界的一件大事。

也正是因为这样，一个叫唐庆阳的人，与勐海茶厂结下了半生时光的生死缘。

唐庆阳（1916—1994年），男，汉族，江苏南京人，金陵大学经济系肄业。1938年入滇，前往凤庆创办茶厂，是凤庆茶厂的创始人之一。1951年7月，受中国茶叶公司云南省公司派遣，到蒙自、元江、墨江、普洱、易武、车里、佛海、南峤等茶区进行深入考察，并做好恢复勐海茶厂的前期准备工作。

对勐海，唐庆阳情有独钟。作为一个迷茶、爱茶并决心把自己的一生献给中国茶业的有识之士，当他面对着勐海得天独厚的产茶自然条件和悠久的产茶历史时，他的心在激荡，眼前浮现的是勐海未来茶业的锦绣蓝图。如此产茶圣地，又怎么能空付给荒芜？普洱茶名满天下，又怎么能让其泉眼自塞？

解放初期勐海茶叶调查组相关资料显示，尽管自1943年之后勐海茶业落入低潮，可到1950年前后，勐海县内各乡（镇）、各村寨都还或多或少地拥有茶园，总面积达80 000亩，仍位居云南各产茶县排行榜榜首。在各乡（镇）中，勐海乡茶园面积约30 000亩，茶叶产8 000担左右；勐宋乡茶园面积约25 000亩，产茶6 000担；南糯山所在地的格朗和乡有茶园约20 000亩，产茶约5 000担。余下的勐遮、勐满、勐混、勐阿、布朗山、西定、巴达、勐岗、勐往、打洛等地，茶园均在1 500亩以上。

令唐庆阳更加激动的是，勐海不仅处处茶园，且制茶历史悠久，不仅是普洱茶的一个重要源头，还是云南红茶的最初产地。无论民间，还是茶庄茶厂，都有着令人迷醉的制茶基础。于是，通过两个月左右风餐露宿的艰辛考察，在当地政府的大力支持下，1951年9月28日，勐海茶厂在唐庆阳的支持下，向省茶叶公司呈报了《关于着手清点佛海茶厂财产及拟订复厂计划的报告》。

1951年11月14日，中国茶叶公司云南分公司以云业（51）1741号文批准佛海茶厂恢复生产。

在普洱茶的历史上，1951年11月14日，无疑是一个重要的日子。回顾普洱茶千百年的风雨历史，在诸多典籍文献中，尽管我们可以一次次迷失于普洱茶的陈香之中，可我们始终无法找到更多的普洱茶实物例证。现存的诸如"绿印普洱""黄印普洱""文革砖茶"及"普洱砖茶"等极品普洱茶，无不是在此日子之后得以诞生的。而令唐庆阳先生欣喜的是，无论"绿印"，还是"黄印"，都曾在1940年范和钧主持"佛海茶厂"时生产过。

历史的传承，无疑让勐海茶厂得以在一个较高的起点上重新起步。但是，由于经年累月的荒废，正如杨开当老人所言，茶厂机械因是黄铜所做，被四周村民盗作黄金贩卖，茶厂要想在短时间内恢复生产，实属不易。所以在20世纪50年代初期，勐海茶厂的主要工作就是恢复、扶持茶农垦复茶园，发展生产，宣传党的茶叶政策和工商政策。在制茶方面，勐海茶厂除了与私人茶庄合作生产数量有限的成品茶外，侧重点还是在整个西双版纳范围内收购并向外调运毛茶，直至1953年3月西双版纳自治州成立，改属自治州政府管辖并改名为"西双版纳制茶厂"，茶厂仍然很少制作成品茶。因此也才有下关茶厂制"圆茶铁饼"乃是由勐海茶厂提供原料这一例案。

关于这一时期勐海茶厂的境况，我曾对徐家耀、胡杰、项朝福、陈蒸、张文仲、杨学仕、马图书、张存、曹振兴、宋晓安、杨开当、孙德明和姚鉴清等老一代勐海茶人作过较为详尽的访谈，由此形成的文字将整理附后。但总的来说，在1954年勐海茶厂逐渐转入成品茶生产之前，也就是在南糯山制茶厂划归勐海茶厂之前，勐海茶厂全部职工只有一百人左右，且大部分是由凤庆和下关等茶厂调入。在制茶机械方面，只有一台云南机器厂改装的滚筒圆筛机、一台印度制造的拣梗机和一台陈旧不堪的车床。据老茶人们回忆，当时职工们都挤在数十间低矮、狭窄的竹木土屋里做茶，茶叶加工又由机械化生产恢复到手工生产。手工制茶的器械，如李拂一先生所述，多为铁锅和布袋，与民间制茶差异不大。特别是生产紧压茶，铁锅下是熊熊烈火，锅内是滚沸的开水，蒸汽和烟雾总是把生产车间渲染成一个热腾腾的海洋，茶工们在此环境中作业，差不多都变成了赤膊上阵的"水手"。压茶工序，当时仍使用杠杆式压茶板凳，茶工们在劳作中跳上跳下，每天重复达万次，劳动强度非常大。据《勐海文史资料》载，当时，勐海茶厂生产精加工茶叶千担。或许正是因为当时的条件限制及手工制作，那一批茶叶现在成了普洱茶中难以寻觅的精品。特别是在人们热衷于把生茶制成用干仓存放的普洱茶并称之为"茶中之茶"的当下，无数的普洱茶拥趸更加有理由怀念那"做新茶卖旧茶"的制茶时代，其"陈性循环"因制茶方式的"落后"，亦因运输的艰难而赋予了普洱茶特别的品质。而这种品质已非当今机械化生产所能达到的了，而个中最让品茗大师们失落的是现在的机械化生产，把生茶变成了熟茶，"熟普洱"一出厂就可冲泡，已经完全失去普洱茶强劲的生命力了。因为在品茗大师们的眼中，生茶制成的普洱，即使存放百年都可以泡出茶山的新鲜空气，亦可泡出春天的第一缕茶香，更可充分地品味到普洱茶越陈越香的真实味道，而熟，一切都就跟着"俗"了。

所以，当有人在为勐海茶厂 20 世纪 50 年代初的产茶工艺"落后"而扼腕之时，亦有茶中君子为之叫好。

昆明茶灵庄庄主杨金先生痴迷普洱茶，几乎到了痴狂的地步，三层楼房皆以茶艺为魂，所有饰物点缀皆茶，所有文墨画品皆茶。茶器、茶具布满了杨先生庭院的每一个角落，他甚至自己以生茶制普洱，有关制作工序、时间把握等全用私人制茶时代的工艺和经验。说起普洱茶，杨先生总是会一次次地迷失自己。

近年来，杨金背负茶具，走遍了云南高原，无论是老茶山还是新茶园，都曾留下他煮茶品茗的身影。在种种有关普洱茶的言语喧嚣中，最终他选择了勐海，他认为现今的普洱茶，只有勐海茶厂所产，才存有普洱茶的千年遗风。言语可以惑众，茶本身的质地却骗不了饮者，杨金因此也成了勐海茶厂最忠诚的消费者和宣传者。为了发扬光大真正的普洱茶，他甚至愿意不取分文，将自己的"茶灵庄"作为勐海茶厂在昆明的"集散地"。他品遍了所有普洱茶，他有理由这么做。

据此，我们也就可以这么说，在勐海茶厂的历史上，因为有了20世纪50年代初的"手工艺制作时代"（而此时云南众多的茶厂正忙于生产远销苏联的红茶），从而使该厂得以把普洱茶诸多"原始"的制作工艺传承了下来，这是后来的许多普洱茶生产厂家所不具备的。

勐海制"普洱茶"，既开机制先河，又保留了手工艺，在历史的更迭与变迁中，是为异数。

四

在 20 世纪 50 年代,勐海茶厂除了在"艰苦的环境"中生产茶叶外,还几乎动用了可以利用的一切力量深入各乡寨普及茶叶种植知识。我所采访过的所有老茶人,差不多都曾在乡下茶山工作过多年。如宋晓安,这个 1994 年曾因"为云南边疆的解放和建设作出了贡献"而受到省委和省政府表彰的老茶人,更是自 1959 年上布朗山,直到 1991 年退休,一直都工作在布朗山上,其间只有一次下过布朗山。1991 年下布朗山,进入勐海县城,他连路都找不到了。

正是有了这些基础工作的开展,勐海茶厂才得以迅速走出"恢复期"。

1958 年,为了适应生产发展的需要,勐海茶厂向国家无息贷款 97.86 万元,在今厂址即新茶路一号大兴土木,目标是建一个亚洲第一流的制茶厂。据 87 岁的老茶工项朝福老人回忆,为了建厂,当时勐海县还专门成立了一个工程处,负责工程施工,可由于种种原因,工程处并未把一个"亚洲一流"的厂房建起来,相反却把资金耗尽了。面对这种局面,茶厂职工在唐庆阳的领导下,白天制茶,早晚或开采石头、烧红砖、削山头,或上山伐木,或自制土坯,自力更生,历尽万般苦辛,终于建起了一座年产 5 万担的崭新茶厂。新茶厂建成后,除生产常规性普洱茶外,勐海茶厂还在南糯山产红茶的基础上,响应当时"中苏友好"的号召及埃及市场的需要,把生产目标又作了一定的调整,并由中茶总公司协调,从安徽屯溪等茶厂引进了 5 名红茶技术人员,开始生产工夫红茶和分级碎红茶 (此前,勐海茶厂红茶技术人员尚有从凤庆茶厂引入的 5 人及从宜良、昌江等茶厂调入的近 20 人,他们曾利用勐海优良的大叶茶资源，生产了大批量的初制红茶，然后运往杭州再加工）。

由于得天独厚的自然条件，勐海茶厂的前身之一——南糯山制茶厂曾生产出了云南的第一批红茶，时隔20年后，再产红茶，依然一炮走红。《云南省茶叶进出口公司志》在介绍唐庆阳先生时有言："对'滇红'的创制……卓有贡献。"据1955年由安徽屯溪茶厂调往勐海茶厂、现年73岁的姚鑑清先生介绍，自1953年在勐海全面推广红茶技术之后，1959年5月5日，勐海茶厂宣布成立红茶蒸制车间，姚任负责人。当时勐海县委提出"不调一匹毛茶过澜沧江"的口号，所有茶叶原料都由自己加工，结果销路很广，利润非常可观。在年终县委召开的克服困难动员大会上，勐海茶厂拿出了10万元人民币向会议献礼，引起了巨大的轰动。

勐海红茶，不仅在勐海走红，更重要的是，它迅速吸引了全国茶业界关注的目光。1963年春，由中茶总公司牵头，由于寿康教授任组长，由云南外贸局、农业厅、浙江茶叶研究所、昆明商检局、云南省茶叶公司、广东茶叶公司、省茶科所、凤庆茶厂、临沧茶厂、普文农场、思茅机械厂等12家单位相关人员及唐庆阳为组员的分级红茶科学实验组在勐海茶厂成立，任务是总结和研究碎红茶制作工艺。科研组边总结，边研究，边推广，不仅使当年云南就产碎红茶7 129担，而且在1964年春，总结推出了碎红茶优良品种"50l"。"501"投入生产后，在国际市场上深受好评。与此同时，勐海茶厂红茶蒸制车间又在"501"的基础上，针对勐海气温变化的实际情况，对产茶时间作了重大调整，即改上半夜生产为下半夜生产，推出了碎红茶又一优良品种"502"。因"502"的品质更加优异，中茶总公司旋即派茶叶高级工程师黄国光前往勐海茶厂考察，并由此促成了全国碎红茶现场会议在勐海隆重

召开。当时，全国、全省知名的茶叶专家、学者、各茶厂的代表云集勐海，盛况空前。科研组写成的"502"碎红茶生产工艺总结报告也因此会而得到了全面推广。

生产碎红茶，勐海茶厂代表了当时国内的最高水平。为此，在中茶总公司调拨两台日本产伊达揉茶机的基础上，勐海茶厂又相继购入了一台英制揉茶机、烘干机，以及杭州产、广东产及思茅产的一大批当时国内最先进的制茶机械，并扩建了一批生产车间，新招了数批职工，使勐海茶厂一跃成为云南最大的制茶基地之一。

五

20世纪六七十年代，是勐海茶厂的稳步发展阶段。1964年，由于中苏关系破裂，勐海茶厂的主打产品之一——条红茶（即工夫红茶）产量锐减，但因碎红茶的产量猛增而未使总量失衡。自1962年拥有一辆吉尔164四吨货车后，至1965年又拥有了五辆51型货车，勐海茶厂沿袭多年的茶叶运输靠人背马驮的历史也随之结束了。在20世纪70年代，更是相继建起了一大批车间、仓库及各类福利设施。茶叶收购方面，在原有基础上，设立了遍及各茶区的26个收购点及近百个初制所，运输车辆达到了17辆。

"文化大革命"十年间，勐海茶厂仍推出了一系列被港台茶人称为"颇具典藏价值"的"文革砖茶"。现行世的"普洱砖茶"，始产于1967年，后又有产于1973年之后的"73厚砖茶"和"7562砖茶"，其中有的是昆明茶厂和下关茶厂所产，但采用原料均来自勐海。不过，现今可寻的实物，仍以勐海茶厂所产为最。

针对普洱砖茶，我曾对昆明的茶市进行过一些调研。在许多茶庄，大凡砖茶，包括后来勐海茶厂所产的"福禄寿喜砖茶"均标注出厂时间在几十年前或更早，这都是茶商们对砖茶知识了解不够所致，有的甚至是"假冒"，有蒙骗消费者之嫌，可又不见有关部门拿出相应的打击措施。以新充陈，以次充好，动辄标价上千、上万元，的确已到整肃的时刻了。

由于苏联、埃及等国外市场需碎红茶，勐海茶厂对生产结构进行了调整，20世纪70年代初，我国台、港、粤地区掀起普洱茶热潮，云南方面仅靠手工制作普洱茶又难以满足市场需求。于是，关于普洱茶制作工艺的革命性调整已迫在眉睫。因此也才有本书第一篇"关于普洱茶"中所列的后发酵工艺的探索与实践。勐海茶厂在多年生产"云南青"的基础上，借鉴广东口岸公司河南茶厂的成功经验，经过千万次的反复实践，终于把"天然发酵"程序变成了一种人为工艺，为机械化生产普洱茶奠定了基础。

普洱茶又称"滇青茶"，对此，1974 年曾任勐海茶厂紧压车间主任兼党支部书记的曹振兴老人认为，这主要是因为人工后发酵的普洱茶前身就是"云南青"。也正是因为这样，在一大批老茶人的记忆中，勐海茶厂生产人工后发酵的普洱茶始于 1974 年。而事实上，1974 年，勐海茶厂生产的是"云南青"，也就是渥堆发酵快速陈化工艺研究成功的第二年。据现存的普洱茶实物推断，自 20 世纪 60 年代中期开始生产，到 1974 年大批量生产的"云南青"即今之"文革砖茶"，而现存的"7562 砖茶"则生产于 1975 年。"7562"代号的含义是：1975 年勐海茶厂第 6 号茶叶拼配的配方，"2"是勐海茶厂的代号。

大规模上马"普洱茶"，则是在 1975 年 6 月曹振兴、邹炳良等人考察广东河南茶厂之后，也就是说，所谓后发酵工艺的正式形成是在 1975 年年末至 1976 年年初，到 1978 年达到高峰，产量达 13 000 担，也正是此时，勐海茶厂推出了闻名天下的品牌——"大益牌"。

与其他茶厂生产的普洱茶不同，勐海茶厂在 20 世纪 70 年代生产的普洱茶，可以说是两条腿走路，一方面仍然按照"7562 砖茶"配方生产大量的方形生

茶品；另一方面，所产"7562砖茶"及之后的普洱茶品，在制作上，有的使用了四五分熟茶，也就是说，既顺应了时代，又没有彻底放弃传统工艺，但仍以生茶制普洱为主。而以四五分熟的熟茶制成的普洱茶，也因工艺独特而具备了独特的茶性，水性活泼，口感醇厚，顺喉微甜，带有淡淡的荷香。加之以第二级茶叶为原料，并掺拼了硕壮的芽头，使整块茶砖砖面呈现出金黄色，显得高贵而美观。

也正是因为这样，勐海茶厂所制普洱茶才得以在港台地区享有"茶中之茶"的美誉，并与其他茶厂生产的普洱茶严格地区别开来，卓尔不群。而由于"7562砖茶"的品质优异，也导致了市场上产生了大量的仿制产品，但由于假冒者不知道"7562"的含义，弄出了诸如"7560"或"8563"之类的笑话。在此，笔者不妨提醒消费者，凡署勐海茶厂生产的"7560"之类的产品，绝对是赝品，非勐海茶厂所制。

在勐海茶厂于"文化大革命"时期不屈发展的过程中，20世纪70年代，勐海全县亦形成了乡级茶山6座、村级茶山61座、乡级红茶初制所7个、自然村红茶初制所57个及青毛茶初制所97个的巨大的茶叶栽培生产网络。20世纪80年代后期，勐海茶园更是以每年新增一万亩的速度递增，到1999年，不仅茶园面积攀升到18万亩，茶叶产量达60 000多担，而且，在勐海茶厂的大力协助下，全县90多个重点茶区均巩固、完善和新设立了茶叶初制所。

在此大背景下，勐海茶厂亦发展成为年产茶可达7 500吨、生产

"大益牌"普洱茶、红茶、绿茶和压制成型茶等四个系列112个花色品种的大型茶业集团。且除"大益牌"普洱茶名扬天下外，尚有"南糯白毫"被评为全国十大名茶之一，有44个品种分获国优、部优和省优产品称号。

然而，尽管勐海茶叶产量逐年递增，可随着茶叶流通体制的改革，勐海优质的茶叶原料不再"统购统销"，因此外流严重，从而使勐海茶厂虽置身于茶国仍受尽原料紧缺之苦。以1990年为例，勐海产茶60 000多担，勐海茶厂收购了52 420担（创建以来收购茶叶的最高纪录），可仍然无法满足生产需要。

面对这种情况，勐海茶厂在县委、县政府的大力支持下，在巴达乡曼来村和布朗山乡班章村建起了万亩茶叶基地，并分建了制茶分厂，从而使原材料供应不足的问题得到了缓解。

勐海茶厂建立万亩茶叶原料基地的设想，是在1988年初正式酝酿出台的。同年8月8日，勐海茶厂厂长助理陈平等8人进驻布朗山；8月26日，厂农务科副科长初康等8人进驻巴达，着手建园前的勘察、测量和规划设计。与此同时，来自贵州、昆明、景东、墨江、澜沧、昭通、保山等地的千余名民工浩浩荡荡开进了两座长满了茅草和荆棘的荒山野岭……在当时茶厂党委书记余正才、副厂长卢国龄的直接领导下，在厂农务科的具体指导下，经过一年多的艰苦劳作，1990年，两个按照科学规划和栽培的茶叶基地初步建成，并部分投产。

如果说，巴达、布朗山两个茶叶基地的建成，让勐海茶厂得以把第一车间建在茶园并保证了茶厂的部分加工原料的来源，那么，1990年，勐海县委、县政府实施的"101茶叶基本建设工程"则从根本上

保证了勐海茶厂的生产所需，并进一步确立了勐海作为云南茶都的地位。所谓101茶叶基本建设工程，意指在10年时间内，勐海将改造10万亩低产茶园，使之亩产达到50公斤。这一工程的最终落实，使得1999年，勐海优质茶园达到了18.3万亩，其中亩产50公斤的就有98 182亩，全县产茶量达到了125 644担。与此同时，覆盖全县的初制茶厂也由1990年的90个发展到了255个；茶叶品种也由以往的单一化过渡到拥有18个优良品种……

勐海县财政成为名副其实的"茶叶财政"。20世纪80年代中期，勐海茶厂的上缴利税竟占到了县财政的37%。而与此同时，必须提及的是勐海茶厂第三任厂长邹炳良先生，在他任职的年代，勐海茶厂缔造出前所未有的辉煌，不仅上缴税利几乎支撑起了县财政的半壁江山，而且茶厂的知名度也得到进一步的提升，职工福利也有了较大的改善。

当时的勐海茶厂在云南茶叶界如日中天。

六

　　在中国茶文化史上，有源于宋代的"茶禅一味"之说，此乃禅僧圆悟克勤手书赠送日本弟子的四字真诀。所谓"禅味"，意指梵我合一的世界观，禅定的解脱方式，以及以心传心、不立文字的认识方法；所谓"茶味"则指茶之苦涩味，引申为汲泉试茗时，用心灵去感知茶之冲和、茶之幽远和茶之清韵。

　　如果说，禅与茶是一味，冥冥之中，我们又何尝不能将勐海茶厂的一系列"苦涩味"引申开去？何况作为勐海茶厂的"禅"，梵我合一也罢，禅定也好，其优异的茶品即是解脱，即是对世界的"不立文字的认识方法"。

　　曾任中共勐海县委书记的胡志寿先生说，勐海是茶叶的故乡，勐海茶厂是一个创办了60年的制茶企业，茶叶是勐海人民增收的主要渠道。这些都说明，茶叶在勐海的政治经济和社会生活中，扮演着非常重要的角色。勐海所产的普洱茶，以民间方式流行于世，可以说以千年计，而以规模化占领市场，也有60多年的时间了，在以普洱茶逐鹿茶叶市场的企业众多的背景下，勐海县委、县政府的立场是：花最大的力气，各级党委和政府以及全社会都要全力以赴，捍卫普洱茶的声誉，并且在相当一段时间内，勐海县绝不搞重复投资，不再审批上马新的精品茶厂，要上项目，也必须围绕勐海茶厂来开展工作，以普洱茶带动勐海茶业的健康发展。

　　在我采访胡志寿书记后不久，云南一家著名的媒体上登载了一篇名为《云南茶，放心喝》的文章。文章称："从2000年7月1日起，欧盟各国将对其上市茶叶的农药残留量执行新的标准，即要求茶叶的农药残留量比原标准低100倍。为此，国家有关部门对全国茶叶进行抽样检查，结果表明，我国茶叶有95％达标，而云南茶叶农药的残留量为全国最低。"这一则文章印证了胡志寿先生之言："勐海茶园，不施化肥，不用农药，是真正的绿色食品。"勐海茶厂生产的茶叶目前已获得国家环保总局颁发的"有机食品"证书及国家农业部绿色食品发展中心颁发的"绿色食品"证书。

普洱茶珍品

第六篇

香港茶肆，曾有一联云：

普洱铁观音松涛烹雪醒诗梦
龙井碧螺春竹院弥香荡浊尘

在此联中，普洱茶位尊第一，这自然也说明了普洱茶在香港的受宠程度。据资料载，作为中国茶叶外销的重镇，中国香港与世界上80多个国家和地区保持着良好的茶叶贸易关系。而在外销的茶叶中，以1998年为例，外销绿茶2 583.5吨，外销普洱茶和红茶则达到了5 211.5吨。

因此，凡普洱茶品茗大师，欲寻普洱珍品，无不涌向香港。同时，在台湾，著名的茶叶贸易机构如玉壶轩、提督壶、百壶寨、益城行、谊欣陶艺、风采堂、上仁茶行、福大同茶庄、齐壶惜、祥兴极品茶庄、随缘陶艺、鸿记洋行、瑞顺行和世逢有限公司等，无不以陈年普洱茶为经营主项，且以所藏之珍互相斗法攀比，把这茶中绝唱演绎得荡气回肠。据统计，台湾每年的普洱茶销量为1 000吨以上，平均每人每年消费0.05公斤。

在我国台湾出版的一本名为《紫玉金砂·普洱文选》的茶书中，所列"普洱"，大都又以署"勐海茶厂"和"易武茶区"为招贴；另一本由邓时海先生所著的茶书《普洱茶》，所列的普洱茶42种珍品，不包括那些外地茶厂用西双版纳茶叶原料生产的普洱茶，仅出自西双版纳的就达31种，而其中勐海茶厂就占了11种，与西双版纳无关的仅9种，且都

是

越南北部、泰

国、思普茶区等国外的或

含糊不详的产区所制。

这倒让我不得不再次强调一下西双版纳是普洱茶的摇篮这一观点。

云南省社科院历史研究所的王懿之先生曾写过一篇名为《云南普洱茶的历史探源》（原载台湾版《紫玉金砂》第 14 期）的文章，其中一段，摘录如下：

据我国史书记载，茶沿至魏晋开始有了采茶做饼的加工方法。经六朝以后不断改进，到唐代又发明了蒸青制法，将鲜叶用蒸汽杀青后，捣碎制饼，贯穿起来烘干，改变了原有饼茶的气味，变得更加馨香可口。唐代以后，我国的茶叶及其栽培技术，随着中外文化交流的加强，便传播到亚洲四邻及世界各地。

然而，我国的茶叶业最早又源于哪里？世界茶树的原产地在什么地方？这是十分重要的学术问题。多年来中外学者仁者见仁，智者见智，众说纷纭，没有定论。有的学者根据一些不完全的资料，认为原产地在印度，而越来越多的中外学者，根据多学科的综合考察研究，则认为茶树的原产地在中国云南的西双版纳。

我们可以从以下几方面进行考察和论证，首先，从野生茶树的重要发现来分析。世界上多数学者认为茶树原产于中国，瑞士著名植物分类学家林奈最先所定的茶树学名 Theasinensis，意即"中国茶树"。

在我国史书上，有关野生大茶树早有记载，最可贵的是，1949 年以来在云南境内发现了许多野生大茶树，是我国迄今发现野生大茶树最多的省份。特别值得重视的是，在云南西双版纳勐海县先后发现的两株古老的野生大茶树，它是论证茶树原产于云南西双版纳最直接、最重要的证据。

1962 年 2 月 24 日，茶叶科研工作者张顺高与刘献荣在勐海县巴达区贺松乡的小黑山原始森林里考察野生大茶树群时，发现其中最大的一株主干直径为 1 米，株高 32.12 米，取老叶作化学分析，含咖啡碱 1.14%，水浸出物 21.27%，水溶性茶多酚 6.09%。1980 年云南省茶科所王海恩等人，又在该地附近发现了一株更大的野生茶树，主干围粗 3.8 米，高 34 米，年代相当久远，估计在千年以上，据植物分类学家张洪达先生鉴定，为大理茶种。云南省茶叶科学研究所通过 1980 年、1981 年、1982 年连续三年在滇甫的茶树资源考察，共发现了 18 个茶树新种，它们都分布在西双版纳及其周围。这说明西双版纳是云南大叶种茶的发源地，也是古老的普洱茶的故乡。

茶树，在植物学上属茶科，共约 23 属 380 余种，其中有 260 多种分布在云南，号称"云南山茶甲天下"。云南大叶种茶由于生长在特别适宜的自然条件下，保存了茶树的原始类型。云南各族人民很早就从事野生茶树的驯化，在驯化的过程中，茶树由乔木变成灌木，由大丛灌木变成小丛灌木，叶由大变小，叶色由浅而深，分枝由稀而密，发芽由早而迟，新梢增长加快，直到现在栽培的茶林。

其次，从茶树生长的自然环境和自然条件来分析。众所周知，包括野生茶树在内的所有植物乃至所有生物的生长，都受到一定自然条件的限制和影响，即具有良好条件和环境便能生长、繁衍，不具备自然环境和自然条件就无法生长，即使暂时生长了也会逐步消亡。这不是人们的意志所能改变的自然规律和生长法则。云南，尤其西双版纳具备了野生茶树生长和大量栽培茶林所需的优越的自然环境和自然条件。

西双版纳是我国地处北回归线以南的古老茶区，气候属北热带和南亚热带型，热量丰富，雨水充沛，无严寒酷暑，无霜，全年雾日多，相对湿度大，光、热、水、土的综合效应在全国茶区中是绝无仅有的。因而这里的气候和土壤最适宜种茶，最适宜于茶树的良好生长，尤其是为大叶茶树的繁衍提供了十分优越的自然条件。

再从古气候考察，更能说明问题。据古地质学家考证，在距今 1.8 亿年至 1.3 亿年前，裸子植物发展迅速，真蕨、苏铁、银杏、松柏生长繁茂。第三纪出现了山茶等被子植物，但在第四纪的几次大冰期中，地球上的许多植物种被毁灭。据研究，云南南部很多地方未受到冰川的袭击，西双版纳是未受袭击和影响的重要地区，因而保存了许多古老的植物种，如木莲、望天树、黄缅桂、龙脑香、苏铁、树蕨等。山茶种植物分布广，种类繁多，它们是第四纪冰川劫后的幸存者。现今世界上有山茶科植物 16 属 500 多种，我国就有 15 属 400 多种，其中大部分分布于云南，特别是西双版纳。

印度的情况怎么样呢？古地质学研究告诉我们，印度的产茶区系喜马拉雅山南坡，当时还是大海，不可能有古老的山茶植物，也就不存在冰川毁灭与否的问题，诚然，更不可能是茶树的起源地。据史书记载，印度茶是 1780 年由我国广州运去茶籽后才开始种植的，迄今不过两百多年的历史。欧洲的茶也是从中国传过去的，三百多年前，当茶叶第一次运到英国时，人们还不知其用途，竟被作为时髦的冷盘菜吃了。

另外，从古地质史与古植物学来分析，更能看出云南西双版纳是茶树原产地的可靠依据。大家知道，地球上的植物分布有一定的区系，与地质史、古植物学密切相关。根据世界地质学界公认的大陆漂移论，大约二亿五千万年前，地球上分为两个大陆，即冈瓦纳和劳亚，中间为海水相隔，亦即地中海经过西南亚直达泰提斯海，当时中国和印度不在一个大陆板块。植物学家把在地球上发现的植物化石，根据当时植物群落归为两类，即劳亚北古大陆热带植物区系和冈瓦纳古大陆寒带植物区系，中国属于前者，而我国的西南原处于劳亚北古大陆的南沿，临近泰提斯海，在第四纪更新世、全新世喜马拉雅构造运动发生以前，地势平坦，水热条件好，是第三纪出现山茶等被子植物的大温床，是高等植物理想的发源地，也是茶属植物的故乡。因而，野生茶树发源于云南西双版纳地区，是历史的必然，是大自然的选择。而当时的印度，处于寒带植物区系，没有产茶的自然条件。而现在产茶的喜马拉雅南坡，在出现高等植物的当时还是大海，没有陆地植物。皮之不存，毛将焉附？这是不讲自明的道理。此外，有的农学专家还从自然条件对茶树形成和发展的关系、茶树近缘植物、茶树的原种、茶叶生产化和茶树的分布等方面论证了云南是茶树的原产地。

以上论证，无可辩驳地说明了：中国云南尤其是西双版纳是世界茶树的原产地、发源地，它为世界茶业的发展提供了良好的前提和坚实的基础，它是世界茶叶赖以繁衍、发展的母体，是世界茶文化发生、传播的摇篮，因而它在中国乃至世界茶叶史上有着重要的地位。而普洱茶正是这一茶树发源地的传统正宗名茶。

王懿之先生此文，从四个方面界定了茶树源生于西双版纳这一基本常识，同时也推理出了"普洱茶却是这一茶树发源地的传统正宗名茶"这一结果。这无疑为我铺陈出自勐海茶厂乃至西双版纳的普洱茶珍品，提供了强大的历史背景。不过，有意思的是，同是王懿之先生的此文，在台湾版的图书上和在滇版图书上，于某些至关重要的细节上却存在不同。台湾版《紫玉金砂》第14期和台湾版《紫玉金砂·普洱文选》上，关于茶树的发源地，关于北回归线以南的我国古老茶区，均专指西双版纳；而由黄桂枢先生主编、由云南科技出版社在1994年4月出版的《中国普洱茶文化研究》一书中，则几乎在"西双版纳"的前面都加上了"思茅"一词，意即"思茅"在茶树发源、茶山种植史、普洱茶制作等方面，更胜于西双版纳。古人皆云"普洱不产茶"，为何云南之书却将思茅置于西双版纳之前，何故？不得而知。当然，我希望这是因为台湾图书的编辑因偏爱西双版纳而删除了思茅，云南的编辑则是因商业文明之需而加上了思茅。

但不管怎么说，茶树之于西双版纳，普洱茶品之于西双版纳，均犹如儿孙之于母体，毫无争讨的必要。

现将行世的陈年普洱珍品，据邓时海先生所著《普洱茶》一书及另外一些相关资料，侧重整理于后，目的是让事实说话，还普洱茶及其产地以公允。同时，也希望能让越来越多的普洱茶消费者抛开错误导向，获得知情权，以便能品尝到优质的普洱茶。

金瓜贡茶

　　普洱金瓜贡茶，是现存的陈年普洱茶中的绝品，在港台茶界，被称为"普洱茶太上皇"。目前，金瓜贡茶的真品仅有两坨，保存于杭州中国农业科学院茶叶研究所。现行世的所谓金瓜贡茶，皆是后来某些茶厂的跟风之作，不足为信。

　　生产普洱金瓜贡茶，始于清朝雍正七年，即1729年。当时，云南总督鄂尔泰在普洱府宁洱县（今宁洱镇）建立了贡茶茶厂，选取西双版纳最好的女儿茶，以制成团茶、散茶和茶膏敬贡朝廷。清人赵学敏《本草纲目拾遗》云："普洱茶成团，有大中小三种。大者一团五斤，如人头式，称人头茶，每年入贡，民间不易得也。"

制人头贡茶的茶叶，据传均由未婚少女采摘，且都是一级的芽茶。采下的芽茶一般先放之于少女怀中，积到一定数量，才取出放到竹篓里。这种芽茶，经长期存放，会转变成金黄色，所以人头贡茶亦称"金瓜贡茶"或"金瓜人头贡茶"。

1963年北京故宫处理清宫贡茶，总计有两吨多。其中就有一部分是普洱茶。据中华茶人联谊会副秘书长、高级经济师王郁风先生《普洱茶与清皇朝》一文载："本世纪60年代初，北京故宫茶库里还存放着清宫没有吃完用完的贡茶数吨，其中仍有普洱茶、女儿茶、茶膏。1963年故宫处理清宫贡茶2吨多。1963年10月23日，一次偶然机会，我在北京茶厂见到这批陈年贡茶实物，普洱团茶大者如西瓜（略扁），小的如网球、乒乓球状，茶色褐黑，不霉不坏，保存完好。茶团表面有拧紧布纹的印痕，可见当时制茶是用布包着揉紧、干燥成型的。我曾选了一个大的普洱团茶用磅秤称了一下，重量为5.5市斤，当是清

代 5 斤重的团茶……60 年代初，茶叶减产，内销市场供应不足，这批故宫普洱团茶，打碎筛细，拼入散茶卖掉了。我于 1992 年 11 月 13 日在全国政协礼堂偶遇故宫老专家单士元先生，曾问故宫贡茶事，据告普洱团茶、茶膏等仍留有样品。"据称，这些普洱贡茶，曾有专家取了一些试泡，评语是："汤有色，但茶味陈化、淡薄。"

金瓜贡茶，现留有的实物，据专家考证，已有 200 多年的历史。此茶品生产厂或说成品加工者为普洱贡茶茶厂，原料及初制系西双版纳倚邦茶山。

福元昌圆茶

倚邦和易武两大茶山，曾演绎出了清代普洱茶最为辉煌的篇章。创于光绪初年的"宋云号"和"元昌号"两个茶庄，均在两大茶山设了制茶厂，其中"元昌号"设于易武的茶厂名为"福元昌号"，专门采用有别于倚邦小叶茶种的易武山大叶种普洱茶叶，制造精选茶品，售国内及海外市场。

光绪末年，地方治安问题恶化，加之疾病流行，两山茶庄大都关门歇业，且不复开张。唯易武的福元昌号又于 1921 年左右重新复业，生产普洱圆茶，直至 20 世纪 40 年代，每年产茶在 500 担左右。

现在最古老的福元昌圆茶，产于光绪年间，已历时一百年左右。台湾人周渝存有几饼，包装的竹箬上，原本是写有字的，但因年久而剥落，已无法辨认。其外观十分讲究，观其形，即知内里是普洱上品，每筒均有内票一张，规格约为 11 厘米，正方形，橘红底色，蓝色图字，

四边框以云纹图案，内写明："本号在易武山大街开张福元昌……以图为记，庶不致误，余福生白。"共88字。余福生者，即元昌号和福元昌号茶庄的主人。另外，每饼还有一张5厘米×7.5厘米内飞一张，也有图案及余福生白，颜色分蓝、紫、白3种，字迹为朱红色。蓝紫两色内飞的茶品，属阳刚型；白色内飞茶品，则属阴柔型。

百年福元昌圆茶，当享"普洱茶王"之誉！

同庆号老圆茶

在陈年普洱茶中，若论茶味，当数倚邦和蛮砖两大茶山的小叶种普洱茶为上；若从越陈越香的角度看普洱茶，则以易武山大叶种普洱茶为佳，这也正是清代中后期易武茶区崛起的一个重要原因。

到清末，易武镇云集了云南当时众多的茶商，他们设厂制茶，引进先进工艺，以大叶种普洱茶菁，即"阳春细嫩白尖"制茶，使易武在产茶量和茶质两方面都一跃成为古代版纳六大茶山之冠。

同庆号茶庄于1736年在易武设厂制茶，直至1949年后被收归国有，仅其在易武的制茶历史就达百余年。

同庆号圆茶，内票和内飞分为两种，1920年以前是"龙马商标"，之后则是"双狮旗图"。两者以1920年以前的茶品为绝品，即"同庆号老圆茶"。香港的"金山楼"等茶楼，素以经营普洱茶历经几代人而著名，多年前这些楼主店面歇业，关仓走人，前往美国另辟商途。1996年，这些茶楼主人返港，开仓处理家产，结果仓中存有同庆号、敬昌号、江城号、红印、绿印甲乙等上好普洱茶，并倾力销往台湾地区，为台湾普洱茶品茗者和收藏家打开了一道天堂之门。特别是"金山楼"和"龙门茶楼"两家出仓的同庆号老圆茶，存时已近百年，面

对这等天赐之物，台湾的普洱茶收藏家拟成立"同庆号普洱联谊会"，共同举办同庆号普洱茶品茗及评鉴活动。

同庆号老圆茶采用最好的竹箬包装，表面是浅金黄色，捆绑所用竹篾及竹皮，颜色与竹箬相若。其茶筒顶上面片，用金红色朱砂写着"阳春"两字，右边的一直行是"易武正山"，左边一直行是"阳春嫩尖"，中间一行字大，乃墨写的"同庆字号"四字。每筒的每饼间都压着"龙马商标"内票一张，白底，字为红色。图上方写"云南同庆号"，中间为白马、云龙、宝塔图案，下方署"本庄向在云南，久历百年，字号所制普洱，督办易武正山阳春细嫩白尖，叶色金黄而厚水，味红浓而芬香，出自天然，今加内票以明真伪，同庆老号启"。（笔者注：内票并无标点，此处为方便读者阅读而加。）该茶品汤色为深栗色，但透澈，有兰花香，入口细柔滑顺。由于其年代久远，饼沿已松动，刚上市时被一些人疑为边境普洱，可一两年后，人们识其本真，身价竟猛涨了四五倍。

与福元昌号的普洱茶那气势非凡的品质相比，同庆号老圆茶幽雅内敛，冠绝群伦，是极柔和性的优美茶品，被视为国宝级绝品，享有"普洱茶后"之美誉。

1920年之后的同庆号圆茶，即内票、内飞为"双狮旗图"者，现存有陈期为60年左右茶品一两筒，每饼埋贴4.5厘米×7厘米横式内飞，白底朱红图字，饼面较宽大，直径约21厘米，饼身较薄，重约320克。汤色为栗黄，有野樟茶香，虽不能与老圆茶相匹，亦被视为普洱极品。

敬昌圆茶

曼撒茶区以易武为依托，集曼撒、曼黑、曼乃和曼腊的茶山为一体，且北连江城，又与老挝一衣带水，退是茶叶中心区，出是沟连海内外的古老茶道。因此，曼撒普洱茶在历史上就声名远播，仅次于易武和倚邦。

清光绪年间，个体茶商纷纷介入普洱茶出口业务，制茶工艺与同庆号茶庄不相上下的敬昌号（后改名为信昌号）茶庄，就曾以茶销海外而备受瞩目。敬昌号之茶和同庆号之茶，在当今市场上，被当成了普洱茶的品质标杆，能与之比肩者几乎没有。但令人遗憾的是，两茶在流通渠道都罕见身影。

敬昌号茶庄，厂设于江城这一曼撒茶山运销必经之地，取曼撒最优质的茶菁，以制七子饼为主，然后雇牛帮或马帮运往老挝，再装船运往越南、泰国和中国香港等地销售。敬昌圆茶之所以价格高昂，可遇而不可求，究其原因，除品质优异外，其制作工艺和包装也令人迷醉。敬昌圆茶，压制技术一流，饼体丰满而富有韵致，饼沿不求厚薄一致，但带有强烈的节奏感，手触之养手，目侧之美目。其外形，茶菁凸凹，叶叶清晰排列，优美之至，天下普洱茶，无一能与其较量形式之美。

敬昌圆茶，现存者大都为20世纪40年代的产品，每饼直径为20.5厘米，重330克，且系野樟香型，水性极度细柔，入口即化，为普洱茶品中水性最为细滑者。每饼有内飞一张，是椭圆形图案，每筒有一张内票，其内票印制之精美，当今热爱外包装的茶商也应为之汗

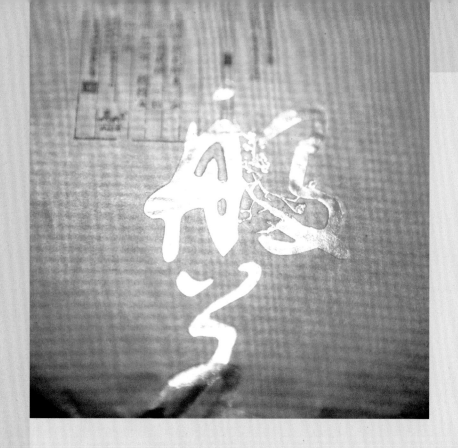

颜。惯常，此内票都以"采茶图"作图案，3个少女，两棵乔木茶树，寥寥几笔，勾勒出的即是清代版纳茶山的古老气象。

现有茶商以云南新树茶菁仿造敬昌圆茶，用的是熟茶工艺，品质极劣，消费者千万别上当。

曼撒之优质茶菁，还为江城号等老茶庄所用，以之制成的江城圆茶，现在市面上比敬昌圆茶还少，已成孤品。但由于其内票不仅是手工墨印，而且出现了红五星图案以及"认真包装，繁荣经济"等字句，因此也有人疑其为20世纪50年代的产品，亦有人说，此批"孤品"，系抗日英雄廖雨春将军兵败上海后做了茶商，以敬昌号之技术冠江城号之名而生产的，并将其视为敬昌圆茶的姊妹茶。

孰是孰非，莫衷一是。

杨聘圆茶

倚邦茶山，是云南省内最早种植小叶种茶的茶山。为什么西双版纳这样一个大叶种茶的故乡又会出现小叶种茶呢？

这或许可以称为一次"茶叶迁徙"。在清朝中后期，易武崛起，绝冠群芳。可到了民国之后，云南茶业则以勐海独领风骚，但在清朝初期及之前的漫长岁月中，在茶文化史上扮演着重要角色的却是倚邦茶山。清宫贡茶均以倚邦茶菁为原料，这就是明证。如此显赫的茶山，自然就是金山，自然就能引来大批的淘金人。明朝末年，大批四川茶农怀揣小叶茶籽来到了倚邦；清朝初期，石屏一带的人也把倚邦当成

了理想国，蜂拥而至……

用小叶种茶制普洱，尤其是以细嫩芽头制成的普洱茶，适合四川及北方诸省人的口味。于是，小叶种茶在倚邦安家落户，成了清宫贡茶当然的原料。鼎盛时期如清朝乾隆年间，倚邦人口达八九万之众，人皆种茶，人皆制茶，人皆卖茶，人皆活在普洱茶中。倚邦一处，就形成了倚邦街、曼拱街、蛮砖街和牛滚塘街四大茶叶集镇，集与集之间，茶马往来，盛况空前。光绪三十一年（1905年）始，倚邦没落，至民国初，倚邦街竟只剩居民一百三十余户，人口不足千人。

可就在倚邦"气若游丝"的民国初年，倚邦镇的"杨聘号"茶庄却开业了。其所制"杨聘圆茶"现存极少，其饼身较小，直径为19厘米，每饼约280克。每饼有一张5厘米×6.8厘米立式内飞，白底红字内文有"本号开设倚邦大街拣提透心净细尖茶发客贵商光顾者请认明内票为记"及"杨聘号"等33字。据专家考证及品评，"杨聘圆茶"现存最陈者陈期为60年左右，其茶汤清香，水薄微酸，是典型的倚邦小叶种普洱茶品。

同兴圆茶

同兴圆茶有早期和后期之分。同兴茶庄像同庆号、敬昌号等茶庄一样古老，且也以专门精制高级普洱茶而闻名。可令人费解的是，现在市面上的同兴圆茶少而又少，也无赝品。

同兴号茶庄创办于1733年，原名顺祥号，亦称中信行，设厂易武镇。也就是说，同兴号茶庄的创办时间几乎与鄂尔泰创贡茶厂是同一时间段。清朝时期由同兴号所产茶品目前已绝迹，现存的均属1921—1949年的圆饼茶。在普洱茶界，人们都将1921—1934年的同兴圆茶称为"同兴早期圆茶"，而把1935—1949年的称为"同兴后期圆茶"，为何如此区分，圈外人大多不甚明了，而圈内人大抵也是因为在两个时间段所产的同兴圆茶都各有少量，且又均为绝品，是以"早期"和"后期"相别。

无论早期还是后期，同兴圆茶的内飞都有这样的文字："本号专办易武倚邦曼松顶上白尖嫩芽"，意即都是采用倚邦茶山曼松顶上的茶园之白尖嫩芽制成。曼松顶山茶园在旧时，就是高品质的代名词。

1921年前后，同兴号茶庄产茶500担，是当时的茶叶豪门之一。由厂设易武而用倚邦之茶，据此也就可以看出易武之没落和倚邦之崛起。现有同兴圆茶，早期者陈期70多年，后期者亦有60余载，两者之间茶性相袭，既青香，又酽厚，既是倚邦普洱之代表，又可显示出同兴号茶庄制茶技艺非凡。

同昌圆茶

同昌号茶庄始创于同治七年（1868年）。由于该茶庄几度易主，故茶品内飞标志多多。原同昌号圆茶已不复得，所存者皆为20世纪30年代之后的标明"主人黄文兴"或"同昌黄记主人"之茶品。

凡署"主人黄文兴谨白"者均系20世纪30年代至40年代中前期茶品，而署"同昌黄记主人谨白"者都是1949年左右的茶品，前者主人黄文兴，后者主人黄锦堂。在黄锦堂时代，同昌茶庄改名"同

昌黄记"。

　　同昌圆茶分三种，即同昌圆茶、同昌黄记红圆茶和同昌黄记蓝圆茶。同昌圆茶的内飞为白底蓝色图字（后亦有白底红色图字者），隶属于"黄文兴时代"；同昌黄记红圆茶和同昌黄记蓝圆茶，内飞分别为红色和蓝色图字，隶属于"黄锦堂时代"。三者中，撇开陈期不说，也以"同昌圆茶"品质最好，饼身厚实且呈深栗色，条索扁长，白毫粗硕，可明显看出梗叶一体的茶菁，自然美观，油面光泽极佳。

　　同昌圆茶和同昌黄记圆茶，内飞均标注的是易武茶菁，但据品茗大师们品鉴，应都为倚邦茶品。

鼎兴圆茶

继倚邦之后，由于藏胞马队直接入勐海，加之勐海至打洛公路修通，勐海茶业在 20 世纪 30 年代迎来了飞速发展时期。即使是战乱频仍的 20 世纪 40 年代，勐海除了拥有"中央"及地方所办两大茶厂外，尚有几十家私人茶庄，因茶业而几成西双版纳的政治经济文化中心。

由于勐海之茶，素有销西康、西藏的传统，因此廉价普洱茶较多，但其中也有如鼎兴号茶庄，专以生产高级普洱茶品著称。现行世的鼎兴圆茶有红圆茶、蓝圆茶和紫圆茶三种，其因内飞颜色不同而有所区别。红圆茶和蓝圆茶，品质相似，陈期都在 60 年左右，是普洱茶精品，而紫圆则品质次之。红圆与蓝圆，茶饼颜色较深，呈暗红色，条索卷实，油面光泽，且饼身较薄；紫圆饼身颜色较淡，茶叶多为单叶老茶菁，油性少，条索揉卷较松，还掺杂了许多黄薄之叶，且是普洱茶中饼身最厚者。

鼎兴红、蓝圆茶，内票的注册商标为"星月"图案，署"本号选办正山细嫩雨前春尖茗芽加工揉造发行有防假冒特印为记"等字，陈期为 60 年左右，即 1940 年前后茶品，该时，正是勐海茶业兴旺之时。此内票中署所谓"正山"，本意是易武山，旧时易武山以产"阳春细嫩白尖"而出名，此处亦以"正山"冠之，却已纯属象征而已，何况勐海之茶并不输于易武，无非是一种商业惯性使然。

末代紧茶

勐海紧茶，名冠天下。如鼎兴茶庄，在生产饼茶的同时，也生产大批量的紧茶。邓时海先生认为："从1967年开始，云南勐海茶厂将紧茶用的茶菁，改做成砖茶，由原来圆体的紧茶改做为长方形的砖茶，正统的老叶茶菁紧茶，因而在茶叶的行业中消失了，一些剩余的老旧紧茶，已经成为收藏者的最爱。"据李拂一先生《十二版纳志》："十二版纳茶市，可分为江内和江外两区，江内以易武为中心，江外以佛海为中心。江内倚邦、易武方面，以制造圆饼茶为主，江外佛海方面，以制销藏紧茶、砖茶为主，紧茶年产量最高额为3万驮，每驮两篮，计共36小包，每小包内装心脏形茶品7枚，共计252枚，每枚重约6.8两，每驮重约107旧斤……"

然而，当年的紧茶已存者寥寥了，在我国台湾地区，每一团心脏形紧茶，已价值一万元新台币，并被人们称为"末代紧茶"。

品味鼎兴紧茶，还让我们有了一个关于普洱茶后发酵工艺由谁发明的重大发现。在冠名为"末代紧茶"的茶品中，不仅鼎兴，还有普洱县的勐景紧茶，可勐景紧茶却始终以原始工艺所做；而鼎兴紧茶，或许是因为范和钧、白孟愚等人传授新技术之故，每一茶品中均掺了超过半数的熟蒂，无意识地进行了后发酵，从而也使得鼎兴紧茶条索柔软，同为梗叶茶菁，却比勐景紧茶细嫩，且揉成圆团后十分结实紧密，不似勐景紧茶那样松散、易于解体。从这里，我们虽然并不希望普洱茶均用熟茶制造，可我们依然可以看出，普洱茶后发酵工艺，远在20世纪40年代，已为勐海私人茶庄及佛海茶厂所用。作为熟普洱，鼎兴紧茶，是迄今最为卓越的代表，无与伦比。

关于鼎兴紧茶，邓时海先生说："这些鼎兴熟紧茶的年代与生紧茶大致相同（距今 60 年左右），是佛海地区的鼎兴茶庄所生产的。佛海就是现在的普洱茶生产中心勐海……在熟紧茶的标记上，有星月的图形，并且有'星月为记'字样，推测当时所生产的产品，是运销到西北省份，专售给伊斯兰教的边疆民族，同时也印上英文，或销到更远的中东国家去。其实，就茶的本身，已经具备了历史文物价值了。"

邓时海先生的"推测"，应该说存在可能性，但缺乏依据。在《勐

海县志》第210页《勐海县茶庄一览表》中，鼎兴茶庄的开办人是云南蒙自的马鼎臣、云南通海的纳成方和勐海人双喜共3人，开业时间是1930年。以"星月"图案而推测销地，从此表中就可看出不可靠。

鼎兴之用熟茶是20世纪30年代后期和40年代初期，值变革之风盛起之时。然而勐海其他众多茶庄，当时仍以生产生茶、紧茶为主。邓时海先生一直以为思茅乃属于西双版纳所治，曾有言："在云南省西双版纳自治州思茅，举行第一届国际普洱茶研讨会，本人趁受邀请

前往发表论文之便，带一团末代紧茶回云南……整个会场为之哗然，所有在场的人员凝神注视，各新闻媒体都拥上来拍照摄影……"

邓时海带回的紧茶产于 1929 年，他送给了与会代表——美国的杨丹桂女士。

可以兴砖茶

2000 年 4 月，我到勐海采访，曾从"可以兴茶庄"创办人周文卿先生的后人处，借得一本印制于 1948 年的《周文卿六四自述》一书。该书乃是周文卿 64 岁寿辰时对家族史的一次回顾，同时也叙述了其创办可以兴茶庄的酸甜苦辣。该书出版，本不足为奇，奇的是，李拂一先生为之作序，当时的国民党参谋总长陈诚、立法院院长居正、海军总长桂永清、前代云南省主席李宗黄、云南省主席卢汉、云贵监察使张维翰等人均为之题词祝贺，这在当时的勐海边地，无疑是一盛事。

据《勐海县志》第 871 页载："周文卿于 1914 年涉足茶业；1925年创办'可以兴'茶庄；1928 年佛海商会成立，任会长，后曾历任佛海建设局局长、财政委员会主任等职。"

在张维翰赠周文卿的贺诗中有句："……千秋岁月增佛海，万卷书城起鸿荒。远瞩高瞻劳普洱，口碑载道祝春长。"这可谓是周文卿先生一生的真实写照。由于可以兴茶庄经营有方，连年生意兴隆，财源滚滚，周文卿也因此得以富甲一方。但周先生却用茶业所得之钱，或入股创办电力公司；或与李拂一合资从上海购置图书 1 万册，创办了勐海近代图书馆，为大众提供阅览场所；或造房 31 间租给商贩，将所收租金全捐献给教育局办教育；或出资建造龙山外大桥；或带头捐资设立了佛海医院；抗战期间，不仅牵头成立了"佛海抗敌后援分会"，还解囊 2.5 万元支援抗日；其妻刀南板深受其感召，临终前亦将生前积蓄 2 000 多元，以 1 000 元作救国基金，以 600 元作地方教育经费……

可以兴茶庄创立于 1925 年，20 世纪 30 年代中后期是其黄金时代，每年产茶 1 200 担左右。然而，令人遗憾的是，可以兴茶品留存下来的并不多，能够见到的就是其所产的"可以兴砖茶"了。针对该砖茶，邓时海先生认为，它在普洱茶历史上具有四点非常重要的意义：

第一，可以兴砖茶是普洱茶历史上唯一的"十两砖"，与目前云南流通市场上用作茶商广告噱头之 250 克（六两半）的砖茶有天壤之别。

第二，可以兴砖茶是生茶砖的杰出代表，也是唯一存留下来的生茶砖，现今之熟茶砖与其相比，犹如野鸡比凤凰。

第三，易武与勐海的茶菁，一样的闻名于世，但易武茶叶以栗红色为佳，而勐海则以黑色为上佳。可以兴砖茶就是以细黑条索、上好的勐海普洱茶菁制造的，它堪称黑色普洱茶的标本了。

第四，可以兴砖茶改写了普洱砖茶史。在陈宗懋先生主编、上海文艺出版社 1992 年 5 月第 1 版，1996 年 2 月第 7 次印刷的《中国茶经》一书中，在"技术篇"部分，即全书第 442 页之"紧茶压制"词条中有言："紧茶过去是压制成带柄的心脏形，因包装运输不便，1967 年后改成砖形，每块砖重 0.25 千克。"在另外一些有关普洱茶的典籍中，也大都把勐海茶厂20世纪60年代所产普洱砖茶视为砖茶先声。可事实上，目前在香港、台湾等地尚有极少的、产于20世纪40年代末期的可以兴砖茶，它用事实告诉人们，在更早的时间段上，勐海民间已开始书写砖茶史了。

可以兴砖茶是勐海作为现今普洱茶生产中心的又一象征。

鸿泰昌圆茶

鸿昌号茶庄是生产经营普洱茶的又一老字号，而且是普洱茶外销的急先锋。在20世纪30年代，鸿昌号茶庄即在泰国设立了分公司，名为"鸿泰昌号"，后又在中国香港及南洋各地设立了代理公司，堪称普洱茶历史上的第一个庞大的"普洱帝国"。

鸿昌号茶庄初创于倚邦时也以生产精品普洱为主，现存的绝品陈期有70年之久，且品质直逼任何一种大叶茶种普洱极品。但随着营销业务的渐次增大，特别是设在泰国的鸿泰昌号，除了代理设在倚邦的总公司对海外经销的各种茶品外，自己也利用泰国清迈茶区的茶菁，就地制造大量的普洱茶，久而久之，鸿泰昌圆茶，也就成了"边境普洱"，即最普通的普洱茶的代表。

鸿昌号茶庄的总部一直设在倚邦，1949年后仍以合作社形式营运，消失于人民公社成立之后。可其设在泰国的鸿泰昌号至今仍然存在，以越南、泰国、缅甸等国的茶菁制鸿泰昌普洱茶品，是一个孤悬海外的普洱茶王国。其茶品质量虽次，却也能赢得一些大众消费者。鸿泰昌号茶品在市场上流通，从来没有发现过赝品，可能是因为其产品到了后期，全部都是边境普洱货色，在一般普洱茶消费者心目中，那是最普通的茶品，自然就不值得商人去冒牌仿造了。

在海外，仍存在着一个中国人开创的普洱茶王国，这的确是一件很有意味的普洱精神个案。茶品质量如何，在此背景下，倒显得并不重要了。

勐海绿印圆茶

绿印圆茶，也是勐海茶厂20世纪四五十年代这一时间段上的茶品，稍有不同的是，其"八中茶"标记，"茶"字为绿色，且所用材料不似红印取之于勐腊，而用的是勐海之茶菁。

作为"红印"的姊妹产品，"绿印"也分"早期"和"后期"。早期绿印圆茶也叫"绿印甲乙圆茶"或"蓝印甲乙"。绿印甲乙圆茶原本要分甲级和乙级两种，后因收购茶菁非最优者不收，所以再无分级的必要，勐海茶厂的茶品，分"红印"和"绿印"已经足够。但是，由于大批绿印茶饼的外包纸，事先已经印刷完毕，而且都以甲、乙等级字样印刷，因此只好用蓝色墨水，将甲、乙字样涂盖掉。为此，有人遂将此类茶品称为"蓝印普洱圆茶"。有意思的是，由于经过了四五十年的陈化，这些涂盖甲、乙字样的蓝墨水已渐渐褪色，迄今已露出甲、乙字样，于是引出了谁好谁次之争，有人信奉甲，有人信奉乙，莫衷一是。

早期绿印，无论在陈香、樟香、滋味、茶气等方面都是一流的，可在市面上，价格却仅为红印圆茶的一半，是收藏家们的最佳选择之一。

后期绿印，其指向是20世纪五六十年代勐海茶厂所产的大批量普洱茶。

后期绿印，茶品复杂，原因是20世纪五六十年代，所有勐海茶厂生产的次级圆茶，都以绿印为标志。但又由于每年茶菁品质和各地区不同的茶性，又使其虽然外包标记统一，品质却存在很大的差异。尤其是到了 20 世纪 60 年代以后，新茶园的灌木新茶树取代了老茶园的乔木老茶树，品质更异。在后期绿印中，有一部分茶品是用新树茶菁制造，但仍以生茶方式制造，被称为"绿印尾"，也是普洱茶极品中的"另类"，典藏价值极高。

20 世纪 60 年代中期，出现了云南七子饼茶这一品牌，并渐渐取代了绿印圆茶品牌。七子饼茶，后都用新茶园茶菁，且大都以后发酵工艺制成，是熟饼，与其前身"绿印"有别。

勐海无纸绿印

勐海茶厂在 20 世纪 50 年代和 60 年代生产的"无纸绿印圆茶"，属后期绿印之一，是当今普洱茶界收藏家们眼中的珍宝，亦是一些不法商家牟取暴利的源头之一。

20 世纪 50 年代是中国企业的转制时代，20 世纪 60 年代是中国政治动荡时期，在此期间，许多茶厂不能正常地进行生产，甚至抛弃了多年的品牌，生产了一大批没有品牌的"无名普洱茶"，光秃秃的茶饼，没有任何标志。勐海茶厂也不例外，或许是因为印制好的"甲乙绿印"外包纸用完后，就在相当长的一段时间内，生产了一批被普洱茶界称为"无纸绿印"的、光秃秃的茶饼。这些茶饼仍采用乔木茶树的茶菁，以生茶方式制成，因此又被称为"绿印头"，与"绿印尾"相对。

无纸绿印的茶品，品质各异，优者可与红印圆茶相媲美。由于其没有标记，许多不法茶商，或将其包上流行热门品牌标志，在茶市上以假乱真；或将其伪装成红印圆茶；或甚至将其作为"无纸红印"出售；或将其剥成碎片以早期红印散茶行世……总之，在普洱茶王国中，无纸绿印，已经成为贵族般的高级流浪汉，成了最货真价实的绝品赝品！

以低价购无纸绿印，是收藏家们的美事，也是最富挑战性的一项工作。如果不是品茗大师，要想在无序之中获得真品，那只能靠运气了。

勐海红莲圆茶

红莲圆茶就是勐海茶厂所产无纸绿印中的极品。

1996 年，香港"金山楼"茶楼开仓售旧物，发现了两篓（每篓 12 筒）无纸绿印，并以普通的无纸绿印的价格销往台湾。该竹篓外面

写着"1952年"字样，由于该茶品茶性品质特优，且量少，被迅速抢购一空。经多位台湾品茗高手品鉴，从茶性到内飞，极尽认真之能事，一致认定乃勐海茶厂所产，且原料用的是易武茶菁，是二至五等较嫩者。该茶品水性厚滑、味道微甜、喉韵甘润，有兰香，已至舌面生津之境，遂特将其命名为"红莲圆茶"。

红莲圆茶以传统压模制造，茶身比一般茶饼宽大，但较薄，茶饼呈不规整圆形，有的甚至是椭圆，饼身有压模痕迹。茶叶条索细长，金色芽头掺夹其中，茶面呈灰绿色，但有油光，典型的无纸绿印茶面颜色。

红莲圆茶的内飞，与勐海茶厂早期蓝印甲乙圆茶所用别无二致，八个红色"中"字的圆圈中，有一绿色"茶"字。台湾品茗大师们视其为"绿印头"中最好的普洱茶品。

大字绿印圆茶

大字绿印圆茶，是勐海茶厂在"云南七子饼茶"诞生之前所产的无纸绿印茶品。

勐海茶厂在20世纪50年代末到60年代末，所产普洱茶品以后期红印和大字绿印圆茶为主，特别是大字绿印圆茶是大宗。

大字绿印茶饼，以茶香而论，有兰香、樟香、青香等，几乎包纳了所有普洱茶香型，其茶味、茶韵、茶气也因其品质各异而差别多多，因其无外包纸，因此也导致了一些不法茶商以其作"红印"

而售，牟取暴利。

虽然大字绿印品质各异，却整体品质一流，其中有一批黑条黄芽、饼面清新油亮者，味呈兰香，水性极为细柔，传承了早期红印及同庆茶庄老圆茶的精髓，是许多普洱茶发烧友挖宝的对象。

"大字绿印"之称，是与"小字绿印"相对，因其内飞字样较大。

小字绿印圆茶

　　小字绿印圆茶究竟出于哪一茶厂，成为普洱茶近代史上的一个公案。其不属无纸绿印之列，可又有品茗者将其列入无纸绿印之中。

　　在普洱茶市面上，小字绿印数量极少。它是以老树茶菁、生茶干仓等传统工艺制成，整体品味上乘。其之所以成为公案，原因在于：其茶饼外包纸的字体和图文均与下关茶厂的"圆茶铁饼"的外包纸完全相同，是下关茶厂的品牌设计，但其内飞，却是勐海茶厂的内飞。它是下关所产，还是勐海所产，或是一些茶商利用下关圆茶铁饼的外包纸包装勐海茶厂的无印绿茶出售图利？三种观点可能都有品茗者坚持，莫衷一是。

　　另外有一种可能是站得住脚的。20世纪50年代初期中茶公司决定扩大对苏联等社会主义国家的茶叶贸易，遂利用一笔苏联的援助资金对下关茶厂进行了改、扩建，在技术上改布袋压模为金属压模，且为了配合这一新式压模技术的启用，曾从勐海茶厂调来了一批茶菁，压造了第一批圆茶铁饼，且运销西藏、新疆和香港等地。但由于金属压模，饼身坚实，既不利于陈化，也不利于剥成碎片立即冲泡，加之容易造成不均匀霉变，因此在市场上不受欢迎。为此，下关茶厂停止了新铁模压制普洱茶的生产。这既产生了下关茶厂空前绝后的铁饼普洱茶珍品，也为我们解释"小字绿印圆茶"提供了想象的空间。甚至我们可以说，由勐海茶厂调往下关茶厂的原料中，有一部分是已属成品的无纸绿印，在铁饼圆茶不受欢迎的前提

下，下关茶厂遂以铁饼圆茶的外包纸将其包装后外销，是以形成公案。可惜这一公案并无资料可作依据，是以称之为"想象"。

但又有一点是肯定的，下关茶厂的铁饼圆茶，原料乃是勐海茶厂"后期红印"的次品，茶香已脱离了"早期红印"的兰香，是"后期红印"之前的青樟香，这正好符合勐海茶厂无纸绿印的品质，且时间相符。

黄印圆茶与七子饼

李拂一先生在《十二版纳志》中称："（勐海）圆茶年产量最高为六千驮，每驮两篮，每篮各十二小包，每小包内装茶饼七片……"这或许正是"云南七子饼"这一名称替代"中茶牌圆茶"的缘故吧。

云南七子饼，说到底其实就是现代绿印普洱茶茶品。而其真正的前身，是由勐海茶厂20世纪50年代末所产的、被称为"现代拼配茶菁的普洱茶品的始祖"的黄印圆茶。

拼配茶，古已有之，本书在前面篇章也已叙述。檀萃在其《滇海虞衡志》中亦有注述："大而圆者名紧团茶；小而圆者名女儿茶；其入商贩之手，而外细内粗者，名改造茶。"

在货物的表面饰之佳品，而内在品
质稍次，这是商业文明的一个
基本属性，并无社
会学和道

德观之缚。

　　有所不同的是，勐海茶厂于 20 世纪 50 年代末所产的黄印圆茶非外优内次之作，而是经过科学的配方进行原料拼配，以中壮茶叶为主，加进一些嫩芽，两者茶性不同，使之茶品品质也就有别于其他普洱茶。

　　黄印圆茶，由于毫头多，陈化后都转变为金黄色，是以茶饼呈黄色，故其外包纸标记即八个红色中字组成的圆圈中，"茶"字为黄色，而内飞标记为绿色"茶"字。

　　"文化大革命"时期，以黄印圆茶之拼配工艺，再将正体字的绿印圆茶的外包纸改为标宋体字外包纸，勐海茶厂推出了中茶牌圆茶的替代品——云南七子饼。在七子饼中，以勐海茶厂生产的红带七子饼和黄印七子饼最具代表性。

红带七子饼产于 20 世纪 70 年代，以生茶制成，饼身饰有一红色布条。

黄印七子饼产于 20 世纪 80 年代，由轻度熟茶拼配而成。

两者都用新树茶叶制成，假以时日，可作为灌木茶种生茶与熟茶茶品的品质标杆，亦可两相对比，以示生熟之别。

红带七子饼在中国港台及南洋的华人世界中，往往被视为"中秋团圆"的象征，故国家园梦，一饼以系之，茶情、乡情、家园情，普洱是寄托。

黄印圆茶也好，七子饼也罢，除生茶所制的陈者外，都适合大壶冲泡，大碗饮用，是普通饮品了。只是其品牌，却是无价之宝，亦是普洱茶在普通消费者中最耳熟能详者，畅销几十个国家和地区，是外销出口免检产品。

广云贡饼圆茶

20世纪70年代初，云南的几家茶厂曾派人到广东学习普洱茶的后发酵工艺，这有师傅向学徒取经之嫌，却也可看出港澳地区历来为普洱茶的主要消费市场这一事实。在此背景下，广东产普洱茶也就不奇怪了。同时为了追求市场效益，广东率先在普洱茶的制作工艺上进行革新，也就不应成为云南普洱茶界为之尴尬的事情。

也正是因为广东、香港等地素有饮用普洱茶的习惯且能就地生产普洱茶，根据上级茶叶部门的宏观调控，从1952年始至1973年，云南省每年都必须向广东调拨数千担普洱毛茶，供广东茶叶进出口公司制造"广东饼"普洱茶。另外，广东省内亦产茶，且用于生产"广东饼"的数量远远多于从云南调来的茶叶。

与用云南茶所制的"广东饼"相比，用本地茶菁所制的"广东饼"，在品质上可以说不可同日而语，其味微酸清甜、水性薄而顺，喉韵呈略干燥的感觉，多是两颊生津，适合初饮普洱茶者用以泡成菊花普洱，或以大壶冲泡，与边境普洱茶没什么大的区别。

但在广东用云南茶叶所产的普洱茶，品茗者称之为"广云贡饼"，却偶有上品。现存的有陈期为30年者，虽用料是新茶园灌木茶种，却仍可品出普洱老茶的清香，无污染之嫌，有云南原生茶味，在香港及台湾茶市上，因云南普洱缺货，也极抢手。

现存的"广云贡饼"产于 20 世纪 60 年代末或 70 年代初，它打破了普洱茶以竹箬包茶的传统，而改以韧性极强的厚纸包装，土黄色，带有褐色的细条纹，纸面油光。标记方面，八中茶的"茶"字是绿色，标明"中国广东茶叶进出口公司"及"普洱饼茶"字样，大标宋正体，排列图案与勐海茶厂的大字绿印相似。

20 世纪 80 年代之后的广东饼多采用广东省内茶菁制成，品质与广云贡饼已不可比。

河内圆茶

越南的莱州，在云南普洱茶外销的历史上，曾扮演过无可替代的重要角色。

越南的北部山区，茶叶生长的自然条件与云南茶区并无太大的区别。

越南因此产普洱茶，但不是最优质的那种，而是边境普洱一类货色。在 20 世纪五六十年代，由于种种原因，云南普洱茶销往海外的市场并不顺畅，产于泰国、老挝和越南的边境普洱曾一度滥竽充数，充斥中国港澳地区及海外市场，其中由越南河内茶厂生产的"河内圆茶"以及由北越廖福茶厂之类的小茶庄生产的散茶就曾为广大海外消费者所接受。

　　"HANOI"（河内）普洱圆茶，是典型的边境普洱茶代表。除了其内飞有"HANOI"字样外，最重要的是其茶菁的茶性，其饼面有细小压模痕迹，暗黑且油光不足，条索细短，梗条较多，有碎而杂之感，且茶香味杂，茶饼剥开时，茶梗总是会被拉出，呈"藕断丝连"状。在包装方面，其竹箬、竹篾与云南产品相似，装捆技术也与云南产品别无二致，疑为漂泊在外的云南普洱茶技师们所为。

　　河内圆茶无内票，但都有署"XUONGCHEHANOI CHE 8AN Ⅱ"越南文的 8 厘米 × 5.6 厘米横式内飞，底土黄色，字朱红色。现行世的产于 20 世纪 50 年代，陈期已有 50 年左右。

　　至于"廖福散茶"，其塑料袋包装外写有"廖福茶号"字样，更应是中国茶师在越南的手笔，其茶菁细长，多细长梗条，茶面栗黄色，略带有白霜，茶身轻碎干燥，油光不足，是由生茶工艺制成，茶汤栗色，在清香中略带有微弱兰香，是边境茶中的上品。

勐海现代女儿茶

现代女儿茶，香港茶商称之为"白针金莲"。目前在港澳台地区的茶市上，白针金莲普洱茶种类很多，且都是细嫩白毫金芽，但大多没有荷香，有荷香者只有勐海茶厂所产的"白针金莲极品"。

白针极品，茶菁颜色为青栗色带金色芽头，有薄薄的白霜，闻起来有淡淡的荷香，以二三分轻微熟茶或生茶制成，是最高级的现代普洱茶品。

可以看到的白针金莲极品散茶，最陈的约30年，即20世纪70年代后期所产，茶汤砂滑、回甘生津、茶气强、茶韵新，是很值得收藏而让其继续陈化的普洱极品。

而普通的白针金莲，多为普洱熟茶，茶菁颜色呈深栗红色，闻之即有轻微熟味，为道中品茗者所弃。

勐海茶厂之白针金莲极品，即"现代女儿茶"，是普洱散茶在当今的杰出代表。

勐海"文革砖茶"

勐海产砖茶，历史上已有之，可以兴砖茶就名盛于海外，但以"中茶公司"之名产砖茶却是从1967年开始的。当时正值"文化大革命"，勐海茶厂所制砖茶，也遂以"云南省勐海茶厂革命委员会出品"字样署于内飞之上，时代特征昭著，是以这批砖茶称之为"文革砖茶"。

作为中茶牌的第一批砖茶，其采用大叶种新树茶菁为原料，条索细长，掺有细梗，拼掺红茶碎末，茶面呈栗红色，规格为14厘米×9厘米×2.5厘米，重220克，生茶干仓工艺。泡开明显看出是新树的叶底，茶汤栗色，水性薄且带有轻微涩味。陈期30年左右，是最具典藏价值的当代普洱茶品。

勐海73厚砖茶

1973年，勐海茶厂生产了第一批人工后发酵普洱熟茶茶砖。这批熟砖茶是采用五级最粗老茶菁为原料，后经人工后发酵压制而成的。其粗大梗条较多，规格为14厘米×9厘米×3.5厘米，重250克，较蓬松。

73厚砖茶，以六分熟茶制成，是重度发酵熟茶，"73"即年代。该茶冲泡时，常可见一些茶菁，不但呈黑色，而且已炭化。但因掺有红茶碎末，该砖茶十分美观。

73厚砖茶，由于过度发酵，已失普洱茶本性，却是极好的良药，

对诸多病症有疗效。目前市场上所见的大多为较后期产品，品味不如
73 厚砖。

第一批 73 厚砖茶，外包纸是易碎的土黄色油面纸，配深红图字，
后期的却为白纸红字，两者极易区别。

勐海 7562 砖茶

"7562 砖茶"是因为在其外包纸的后面有蓝墨水"62"字样而得
名。"75"即 1975 年；"6"即第 6 号茶菁配方；"2"则是勐海茶厂的
代号（据云南省茶叶进出口分公司 1976 年云外茶业字第 84/45 号文件
《关于加工生产普洱茶的样价及有关问题的暂行规定》："1"代表昆明
茶厂，"2"代表勐海茶厂，"3"代表下关茶厂，"4"代表普洱茶厂）。

7562 砖茶，正好是"文化大革命"结束前夕的产品，和"文革砖
茶"一前一后相呼应，前者是传统生茶工艺，后者是三分熟后发酵工
艺，其间的流变与改良，其间的世道变迁，使两者都具有了其他普洱
茶品所不具备的神奇魅力。

另外，让 7562 砖茶身价不菲的另一原因是：1967 年以来所制砖
茶均以粗老茶菁为原料，而 7562 砖茶却用二级幼嫩茶菁为原料，是
史无前例的嫩菁砖茶。其规格为 14 厘米 ×9 厘米 ×2.3 厘米，重 240
克，冲泡时水性活泼，口感砂而厚，顺喉微甜，有淡淡荷香。砖茶茶面，
既是二级茶菁，又掺拼了硕壮芽头，从而显现出金黄色，显得高贵而
美观，是迄今熟普洱中身价最高者。

后来勐海茶厂曾按 7562 茶品配方生产了大量的生茶小方茶，在当今普洱茶市上更是抢手货，以其收藏陈化，被收藏者们视为美差，且相信假以时日将获利多多。

普洱茶珍品，除上所列外，还有临沧茶厂生产的银毫沱茶、下关茶厂生产的铁饼普洱和红印沱茶、泰国鸿和茶业公司生产的思普贡茗、泰国鸿利公司生产的福禄贡茶、昆明茶厂生产的铁饼七子茶等。它们品质各异，但都以其特殊的魅力及不同的陈化期而为广大普洱茶品茗者所仰视。

但溯源品茗，历数风流，普洱茶之策源地及登峰造极者，仍为西双版纳的古今茶厂，从倚邦、易武而下，至勐海茶厂，在旁观者的眼中，或在品茗高手们的心目中，能与之相匹者，唯旧时普洱之贡茶厂可以在技术与造势方面不相上下。而论及渊源，论及精髓，论及传承，论及天赐之功，论及在海外海内的广泛影响以及茶品本身的古今质地，却无一能与之相媲美。

在近代及当今普洱茶历史上，主角是勐海茶厂，这是不争的事实。除以上所列的勐海茶厂所有珍品普洱外，现其"大益牌"普洱茶在中国港澳台地区及东南亚，可谓是如日中天的品牌，供不应求。另外，除生产优质普洱茶外，勐海茶厂所产的112个花色品种中，其中的"碎红茶一号"曾被云南茶叶公司组织的评茶会评为同行业中的第一名，曾被国家质量奖审定委员会评为国优银质奖产品，曾被原国家商业部评为银奖产品，曾在全国首届食品博览会上荣获金奖，亦曾被原国家农业部评为优质产品，畅销国际市场，是碎红茶中的珍品；其生产的"碎红茶二号高档"，亦曾在全国首届食品博览会上荣获铜质奖，被云南省经贸委评为省优产品；其生产的"工夫红茶一级""工夫红茶二

级"，也曾获多项国家级、省级奖；其生产的"南糯白毫"，曾获国家首届食品博览会金奖，被全国名茶评选会评为 30 种名茶之一；其生产的"春蕊"滇青一级，也被评为省优产品……

作为勐海县境内的传统产品之一，七子饼茶畅销几十个国家和地区，是国家外销免检出口产品。勐海茶厂于 1974 年开始继承民间工艺生产七子饼茶，并创新研制了生饼和熟饼两大品种，包括 7432、7532、7542、7572、8582、8592 六个花色品种，其中 7432、7532、7542、8582 为生饼，7572 和 8592 为熟饼，该产品曾两度被评为部优产品，两度被评为省优产品，亦两度被评为国优产品。

在"大益牌"普洱茶系列产品中，勐海茶厂先后研制了普洱压制茶、散茶两大种普洱礼茶，以及普洱方茶、普洱茶 79342、79452 和79562 等 16 个花色品种，其中有多种被评为省优产品。

迄今勐海茶厂的产品获国家级、部级、省级奖励者已达 44 奖次，这对一些茶叶企业来说，无疑是一个难以逾越的高峰。

更加值得一提的是，在普洱茶市场上，以熟普洱的喧嚣为背景，勐海茶厂依旧高举着传统工艺与高科技相结合的大旗，坚持生产7432、7532、7542 和 8582 等生饼普洱，为真普洱，为普洱茶精神，为普洱茶文化的弘扬与创新，坚守着最后一块圣地，这是普天之下普洱茶消费者的福音，是普洱茶文化得以继续延伸下去的最后保证。

茶热起来，人淡下去

"加察热，加霞然，加梭热！"

这句藏族谚语翻译为汉语，意思是"茶是血，茶是肉，茶是生命！"这是迄今所读到的、有关茶的最厉害的文字，毅然，果断，干脆，不留余地。而且短句所产生的节奏和力量，让人很容易把说这话的人，把这话所描述的物体，高举至神灵的怀抱。它与"禅茶同心"之类的言辞，似乎有着相同的方向，却又存在着本质的区别。茶是生命，这样的说法，则是可看的，可感觉的，它的形而下特征赋予它一锤定音的品质。我们爱茶，像爱我们的血肉；我们爱茶，像爱我们的生命。

可以说这是诠释这句藏谚的第一层。至于第二层，茶像我们的血肉一样不可替代；茶像我们的生命一样值得珍惜。第三层，我们和茶是一体的，它像我们的血肉和生命，谁也无法将它从我们的生命系统中分隔开来。

　　初识阮殿蓉的时候，她在勐海茶厂当厂长。她给我的印象是她为茶而生，茶是她的生命，而后来事实也证明，如果没有普洱茶，她一定会魂不附体的。谁都琢磨，她的女儿身，为什么会趋向于超脱与宽容？当勐海茶厂厂长时，她俨然一个女中豪杰；辞职另起炉灶建立云南六大茶山茶业有限公司之初，她给人们的感觉也是一副"舍我其谁"的气派，普洱茶不仅是她的生命，还是她的魂。她可以一整天习茶技、听茶事；还可以胸无心机地跟你畅谈抱负、计划、目标、辛苦和快乐。我与她见面，更多的时候，她永远是一饼茶、一壶水、一柄茶刀、一

个茶壶、几个杯子，端坐于茶几前。一泡、二泡、三泡……肚子里装满了茶水，看汤的双目也累了，似乎她才会从说茶的极乐世界中抽身出来。当时我就曾跟一位朋友说过，如果阮殿蓉的茶情无人分享，世上的茶香就会少掉许多。

茶树是天赐的，茶山是永恒的，普洱茶是不朽的，种茶人、制茶人、品茶人换了一代又一代，光阴的流转，世事的循环，在动与不动之间，谁都分不清伟大与渺小、不变和速朽。民国、清朝、明代，一直往上数，究竟有多少人为普洱茶的流播做出了巨大贡献，我不清楚。但近几年来，我可以非常负责任地说，如果没有邓时海和阮殿蓉，云南的普洱茶绝不会有今日的气象。我知道，我这么说，有的人会不高兴，但我才不管他高兴不高兴。普洱茶穷途末路、隐身滇土无人问津

的时候，有多少所谓的专家、责任人从来拿不出什么有效的办法，而且从不问自己有愧否。现在，普洱茶大红大紫了，一个个又如下山的猛虎，或想分羹，或想阐释自己的金科玉律，或想混个脸熟。从人性的角度讲，这本来也没有什么，可让人不解的是，有人抱身跳出来，只会说长道短，骂了邓时海，又骂张时海；骂了阮殿蓉，又骂陈殿蓉，让人感到普洱茶也成了江湖，实在是没趣得很。

人们用茶消倦、解渴、静心，茶人却飞短流长，这有异于茶品，有异于茶的方向。照我的理解，茶山一如草山，在草山上，羊群、牛群和狼群都该是兄弟，都该和睦地维护山的威仪，从山的怀抱中得到养命的食物。狼群吃羊，非我所愿。如果说草山的不安宁完全取决于狼性的存在，而狼性也一直象征着侵略、占有和凶残，那么茶山则是茶人的山，是人的山，我们所说的人性，"人之初，性本善"，根本就不应该出现那么多的不和谐。我们理应从倚邦、易武、攸乐等一座座神赐的山上，采最好的茶菁，一起做最好的茶，闲来无事，还可以一起品尝。清朝的大幕一落，民国以降，我们置身的是乱世，处处流民图；中华人民共和国成立后的头30年，普洱茶故步自封，计划经济又让普洱茶市场化举步维艰……这一个个大背景，已让早已蜚声四海的普洱茶由向外流布的态势转为向内收缩，一路又撤回了澜沧江两岸的崇山峻岭之中，一条条茶马古道荒芜了，一个个茶马互市的集市凋敝了，一支支马帮消失了，一个个身怀绝技的茶人老去了，一座座茶厂转行了……2000年，当白孟愚先生在南糯山创办的茶厂已成废墟，我就更加明白了，普洱茶能重现今日气象，真的是不容易啊。之后，当我再发现可以兴、车顺号、迎春号、杨聘等茶庄或灰飞烟灭，或只剩下旧址，我越发觉得自己只能寂然一笑，满脸成灰。除了越发觉得自己只能寂然一笑，满脸成灰，除了对世事沧桑发些又凉又枯的感叹外，我还能说什么呢？传承，什么是传承？所谓茶脉，在很大程度上，我们已被时光之刀果断地斩决于祖国的气息之外，几块残碑、几截旧匾、几张荒草丛中的送茶图、几条已经不能叫路的古道，从它们身上，我们真能品汲到祖先做茶的精髓？真的很不幸，那次采访，我还有缘见到了中华人民共和国成立后的第一代普洱茶人胡杰、陈燕、张存、宋晓安、项朝福诸公，他们为我提供了大量的、被台湾茶人称为"匡正诸多谬误"的史实，可我的墨迹未干，他们中的一些人已骑鹤西去，再也不管普洱茶的衰败或鼎盛。2000年的时候，当时的普洱茶界，只有邓时海等为数不多的几个人在奔走呼号，因为普洱茶还没有今天这么受热捧。因此，我所采访的诸位先生几乎人人都在哀叹。"人之将死，其言也善"，他们却只有哀，看来他们中的一些人，心已经是死了的。

所以，我想说的是，今天，我希望天下所有的普洱茶人团结起来，为了伟大的普洱茶，心往一处想，力往一处用。谁说普洱茶该降温了？它还远远没有抵达它崇高的位置！它久经磨难、向死而生，能够再现生机，我们要珍惜。"加察热，加霞热，加梭热"，人有多少血可以空流，人有多少肉可以残腐，人有多少命可以虚度？

岁月倥偬，日新月异，对普洱茶在几年之后呈现出来的繁荣气象，我感到由衷的高兴。甚至连我这本小书第一版所涉的诸多资料和文字屡遭引用、抄袭这样的事，我也爱屋及乌，倍感兴奋。我真心希望凡热爱普洱茶的人都来宣传普洱茶、赞美普洱茶，文章之事大可不必细究。如果我的文字有助于普洱茶的传播，我还有什么不高兴的呢？

茶品可以改变人的品质，我的宽容，说得玄乎一些，也是由普洱茶所赐的；说得实际一点，则完全基于普洱茶所带给我的时间观。2005年3月中旬的某一天，在翠湖旁边的一间酒店，我曾邂逅了一个美籍华人，滞留美国十多年，估计这人在美国也没有混出什么名堂来，一脸的愁苦甚至还多过我，于是只好频频地往中国跑。他跑回中国来干什么呢？组织有钱的中国人去看所谓的现代文明。一句话，挣不到美元糊口，只好又回到人民币的金光大道上来。类似的人，我一直觉得他们并非真的有心于把中国拉上现代化的快车道，他们纯粹是一些找不到回家之路的国际流浪汉，有的还是骗子。那天晚上，也就是这人，一方面大肆地向我展示他那吃饱了美国小麦

的肠胃，一方面又肆无忌惮地在我面前笑骂云南的普洱茶以及他所接触过的普洱茶人。他真的是妙语连珠，还有着话语霸权，口气像小布什。但我还是原谅了他，对一个文化孤儿，我真的没法下手；对一个连普洱茶的常识都不知道的人，他所说的废话，都只能用作培育普洱茶的粪土。在拍屁股走人之前，我只跟他说了一句："茶讲缘，无缘者不解茶语；普洱茶还追求境界，一个活着但骨头已经化成灰的人，到不了易武和倚邦。"

明朝的文震亨在《长物志》一书《香茗》卷有云："香茗之用，其利最溥。物外高隐，坐语道德，可以清心悦神；初阳薄暝，兴味萧骚，可以畅怀舒啸；晴窗榻帖，挥尘闲吟，篝灯夜读，可以远辟睡魔；青衣红袖，密语谈私，可以助情热意；坐雨闭窗，饭余散步，可以遣寂除烦；醉筵醒客，夜语蓬窗，长啸空楼，冰弦戛指，可以佐欢解渴。品之最优者，以沉香、岕茶为首，第烹煮有法，必贞夫韵士，乃能究心耳。"茶之功，茶之利，从中可以洞悉，不管是儒雅之人，还是泛泛之士，有了茶情，懂得了茶香，受得了茶趣茶味，就能抵茶神，也就能明白以茶救人的道机。

阮殿蓉做茶数载，抱身入六大茶山，如果说今日的她仍如当初一般热血滚沸，也是有负于茶的。所幸的是，在做出了一系列的茶品之后，她的性情也柔了，宽了，淡了。去今以来，偶有小聚，已不见她直抵极端的茶情；世面之间，她也不再奔走呼号。给人的感觉，她终于回到了茶园茶坊，回到了妻子和母亲的本分上。对此，我是赞赏的，也许这也是茶人的正道吧。一如普洱茶味，最终都是要陈下去的，淡下去的，至于是否还香着，那就全靠品味者的意趣去界定了。

后
记

本意是想写一本关于普洱茶的田野考察之书，并力求避开典籍和旁说，但我置身于普洱茶世界，又被其间浮沉着的诸多需要澄明的个案所激动，遂翻了原意，立了新愿，成了现在这本陈说之书。

写作此书，我的原则是：让事实说话，拒绝充耳盈市的虚妄之辞。或许也正是因此个人原则，可能会导致本书中的一些观点与一些学者、专家的观点相背离，这不是我有意的，敬望谅解。因为还消费者以知情权，是普洱茶之大幸，亦是消费者的大幸，也是众多研究普洱茶的人们所渴求的。

本书参考了多部书籍，在此对典籍著作人深表谢意。

最后想说的一句话是："勐海普洱茶，愿它地久天长！"

参考文献

[1] 方国瑜. 闲话普洱茶 [J]. 中国民族, 1962, （11）.

[2] 云南省茶叶协会. 云南茶叶[J]. 1999, （3）.

[3] 西双版纳州民委. 巴塔麻嘎捧尚罗[M]. 岩温扁, 译. 昆明：云南人民出版社, 1989.

[4] 王玲. 中国茶文化[M]. 北京：中国书店, 1992.

[5] 钱时霖. 中国古代茶诗选[M]. 杭州：浙江古籍出版社, 1989.

[6] 勐海县政协文史资料委员会. 勐海文史资料[J]. 1998, （1—5）.

[7] E.佛洛姆. 逃避自由[M]. 哈尔滨：北方文艺出版社, 1987.

[8] 魏谋城. 云南省茶叶进出口公司志（1938—1990年）[M]. 昆明：云南人民出版社, 1993.

[9] 紫玉金砂杂志社. 紫玉金砂·普洱文选[M].台北：紫玉金砂杂志社, 1999.

[10] 邓时海. 普洱茶[M]. 台北：台湾壶中天杂志社, 1995.

[11] 黄桂枢. 中国普洱茶文化研究[M]. 昆明：云南科技出版社, 1994.

[12] 勐海县志编委会. 勐海县志[M]. 昆明：云南人民出版社, 1997.

[13] 尤中. 云南民族史[M]. 昆明：云南大学出版社. 1994.

[14] 陈文华. 《中国农业考古图录》前言[J].农业考古·中国茶文化专号, 1994, （6）.

[15] 中华茶人联谊会[J].中华茶人1998, （1）.

[16] 陈宗懋. 中国茶经[M]. 上海：上海文化出版社, 1992.

[17] 李拂一. 十二版纳纪年[M]. 台北：复仁书屋, 1983.

[18] 安徽农学院. 制茶学[M]. 北京：农业出版社, 1979.

[19] 陈文怀. 港台茶事[M]. 杭州：浙江摄影出版社, 1997.

[20] 李拂一. 十二版纳志[M]. 台北：正中书局, 1955.

[21] 陈兴琰. 茶树原产地：云南[M]. 昆明：云南人民出版社, 1994.

[22] 冈仓天心. 说茶[M]. 张唤民, 译. 天津：百花文艺出版社, 1996.

[23] 俞寿康. 中国名茶志[M].北京：农业出版社, 1982.

[24] 童启庆. 习茶[M]. 杭州：浙江摄影出版社, 1996.

[25] 施康强. 都市的茶客[M]. 沈阳：辽宁教育出版社, 1995.

[26] 庄晚芳，唐庆忠，唐力新等. 中国名茶[M]. 杭州：浙江人民出版社, 1979.

[27] 周文卿. 周文卿六四自述.①

---

① 可以兴茶庄创始人周文卿先生所作，因封皮已无，故无法精准陈列。

图书在版编目（CIP）数据

普洱茶记／雷平阳著. -- 重庆：重庆大学出版社，
2022.6
ISBN 978-7-5689-3187-8

Ⅰ．①普… Ⅱ．①雷… Ⅲ．①普洱茶－茶文化 Ⅳ.
①TS971.21

中国版本图书馆CIP数据核字(2022)第041483号

普洱茶记
PUERCHA JI

雷平阳　著

责任编辑:李佳熙
责任校对:邹　忌
责任印刷:张　策
装帧设计:鲁明静
摄　　影:许云华　雷平阳

重庆大学出版社出版发行
出版人:饶帮华
社址:重庆市沙坪坝区大学城西路21号
电话:(023) 88617190 88617185（中小学）
传真:(023) 88617186 88617166
网址:http://www.cqup.com.cn
全国新华书店经销
重庆俊蒲印务有限公司印刷

开本:720mm×1020mm　1/16　印张:17.25　字数:236千
2022年6月第1版　2022年6月第1次印刷
ISBN 978-7-5689-3187-8　定价:69.00元